コンセプトで勝負！ 小資金でスタート！

化粧品ビジネスで成功する10の法則

10 rules of success in cosmetics business

新井幸江

同文舘出版

はじめに

本書のタイトルから、「この本を読めば誰でも簡単に化粧品ビジネスが始められる」、そう考えた方は多いかもしれません。

化粧品ビジネスなんて簡単、女性のニーズに応えたブランドなんてすぐに立ち上げられる、大ヒットだって狙えそうだ――もしそう考えているのなら、ちょっと待って。少し立ち止まって考えてみてほしいと思います。

化粧品は、素人がいきなり参入して、簡単に軌道に乗せられるほど甘いビジネスではありません。全体のパイは縮小傾向にあり、それなのに競合は多く、異業種からの参入が相次いでいます。新しく生まれるブランドが非常に多い一方で、はかなく消えていくブランドもたくさんあります。欧米だけではなく、アジアからの輸入商品も増加しています。韓国コスメがこれだけ人気を得るとは、10年も前には誰も予想していなかったはずです。

古くから続くブランド、産声を上げたばかりのブランド、国内外のさまざまな化粧品がせめぎあう化粧品マーケットは非常にシビアな舞台です。まず、このことをわかってほしい。現実を客観的に見つめてほしいのです。

その上で、次のようにお伝えしましょう。

厳しい舞台ではありますが、ここには夢があります。チャンスが存在しています。そして何よりも、しっかりとビジョンを固め、コンセプトを構築し、届けたい女性像を明確に描くプロセスをバックアップする力強い仕組みがあります。他のどんな業界よりも、新規参入への強固なサポート体制が整っています。他の業種に比べて参入障壁が低い化粧品業界では、新規の小資本のブランドでも独自の地位を固め、ファンをつかみ、マーケットの一画で確かな存在感を放つ人気ブランドに育つ可能性は大いにあるのです。

ただし、その道のりは決して平坦なものではありません。化粧品ビジネスを実際にスタートする前に、考えるべきこと、やっておかなければならないことがたくさんあります。軸足がぶれないように足下をしっかりと固めておかなければなりません。

強力なサポーターがいるとはいえ、ビジネスの主体者はあなたです。あなたが化粧品ビジネスをどうとらえ、どんな姿勢で臨むのか。成否の鍵はそこにあるといっても過言ではないのです。

少し大げさな表現に聞こえるかもしれませんが、化粧品ビジネスに何よりも必要なのは、自分が手掛ける化粧品を心から愛することです。送り手の「愛」がない化粧品は成功しません。揺るぎのない姿勢で化粧品ビジネスに着手し、愛のある化粧品を完成させる。そのチャレンジに本書が一助となればこんなに幸福なことはありません。

2011年5月末　　新井幸江

目次 ■ 化粧品ビジネスで成功する10の法則

Chapter2

化粧品ビジネス立ち上げの選択肢

Chapter3

化粧品ビジネス　気になる質問にお答えします

Part 2 さあはじめよう、化粧品ビジネス

Chapter1 コンセプトワーク

Chapter2

ＯＥＭ徹底活用

Chapter3

「容器」コンシャスがブランド力を高める

Chapter4

商品開発のプロに聞け！

Chapter5

薬事法をクリアするには

Part 3 化粧品ビジネスを成功に導くためのエッセンス

Chapter1 化粧品はこうして売り込もう！

Chapter2

成功事例に学べ

カバーデザイン・高橋明香（おかっぱ製作所）
本文ＤＴＰ・マーリンクレイン
編集協力・三田村蕗子

Part 1

知っておきたい化粧品ビジネスA to Z

Chapter 1

こんなにある異業種参入

美容大国・日本の歩み

化粧品メーカーの華やかな広告が氾濫するファッション誌や美容誌、旬の女優やタレントが美肌をアピールするテレビCM。メディアには、女性の美容熱を刺激する情報が溢れています。

毎シーズン、化粧品メーカーからは新製品が発表され、ひっきりなしに新ブランドが誕生し、百貨店からドラッグストア、スーパーマーケット、コンビニ、インターネットに至るまで、化粧品を購入する場所も多様化する一方です。氾濫する製品と情報。広がり行く販売チャネル。日本はいつからこれほどまでの「美容大国」になったのでしょうか。

化粧品ビジネスの面白さや醍醐味、そして異業種参入組の特徴や背景について触れる前に、まず「美容大国・日本」の歩みを少し振り返ってみましょう。きっと、化粧品マーケットの魅力と可能性をおわかりいただけるはずです。

日本の化粧品業界が大きく花開き、たくさんの化粧品メーカーが出現し始めるのは、明治時代でした。それ以前にも、柳屋本店、ヘチマコロン本舗、伊勢半といった今も続く化粧品メーカーの母体が創業していましたが、文明開化を機に、一気に化粧品業界は活気付きます。

明治時代に誕生し、今も残るメーカーをあげてみましょう。資生堂、桃谷順天館、ライオン、パピリオ、加美乃素本舗、牛乳石鹸共進社、クラブコスメチックス。次々に新しいメーカーが生まれました。その勢いは大正時代、そして昭和に入ってからもいっこうに衰えを見せることはありませんでした。ウテナ、マンダム、ポーラ化粧品本舗、ナリス化粧品などはすべて戦前に生まれた化粧品メーカーです。

やがて日本は戦争に突入します。しかし、化粧品マーケットが縮小したのは、戦火が激しくなった1943年から3年間だけ。物資の供給が困難になったためですが、戦争が終わり、平和な日々が訪れ始めるとマーケットは一斉に活気を取り戻しました。

戦時中の有名なコピー「パーマネントはやめませう」から、あの時代の日本女性は化粧をすることなど一切許されていなかったように思われがちですが、実態は違います。戦時中でも女性の化粧熱は冷めず、化粧品会社も白粉と下地クリームが一体となった化粧品や、バッグに入れて持ち歩いても粉がこぼれにくい白粉《おしろい》を開発するなど、工夫を凝らした化粧品を発売して好評を得ていたのです。

▦ 明治・大正・昭和に生まれた主な化粧品メーカー ▦

明治	5年	西洋薬舗（資生堂）
	18年	明色化粧品本舗桃谷順天館
	24年	小林富次郎商店（ライオン）
	25年	玉の肌石鹸本舗
	36年	中山太陽堂（クラブコスメチックス）
	37年	伊東胡蝶園（パピリオ）
	40年	黒龍堂
	41年	加美乃素本舗
	42年	牛乳石鹸共進社
	43年	本島椿

大正	元年	日本コルマー
	10年	タカラベルモント
	12年	ホーユー、白元
	13年	ハリウッド
	14年	花王石鹸長瀬商会
	15年	オパール化粧品本舗

昭和	2年	久保政吉商店（ウテナ）、金鶴香水（マンダム）
	4年	ポーラ化粧品本舗
	7年	ナリス化粧品
	10年	ピカソ美化学研究所

昭和	20年	セブンツーセブン
	21年	コーセー化粧品本舗、寿科学（ジュジュ）
	24年	日本オリーブ、マックスファクター
	27年	カシー化粧品
	28年	オッペン化粧品
	29年	エリザベス、クロロフィル化粧品本舗
	31年	アルビオン
	34年	日本メナード化粧品
	36年	ヤクルト化粧品
	39年	ノエビア
	41年	シーボン
	42年	シュウウエムラ化粧品
	45年	マリークヮントコスメチックスジャパン
	46年	ヤマノビューティメイト
	48年	フルベール
	49年	イオナインターナショナル
	50年	カネボウ ブティック（カネボウ化粧品）
	52年	アイビー化粧品
	55年	アイスター商事
	56年	ファンケル
	60年	ドクターベルツ

（参考資料：『化粧品のブランド史』平凡社新書　1998 年刊）

一極集中から多様化の時代へ

戦争が終わり、やがて日本が高度経済成長時代に突入すると、化粧品マーケットは飛躍的に伸びていきます。この頃のトレンドは、夏には肌を小麦色に焼き、日焼けを美しく見せる化粧。年間を通しての紫外線対策が当たり前となった現代からは信じられませんが、この時代は、夏の小麦色の肌は当たり前でした。

70年代から80年代には、メーカーは毎シーズンごとに旬の女優やタレントを起用。CMソングとともに「今年はこの色」「今シーズンはこんなメイク」と流行をアピールしました。大衆という名の生活者が一斉にひとつのトレンドになびいていた時代です。化粧品メーカーのCMからはたくさんのヒット曲が生まれ、多くの女優が巣立っていきました。

しかし、80年代後半になると様相が一変します。夏の日焼けは肌にダメージを与えるという知識が広まり、1年を通して紫外線対策をしようという流れに変わったのです。今でいう「美白」志向の始まりです。

80年代後半から90年代は、化粧品の機能や効果、成分を重視する女性が増え始めた時代といえます。今も続く機能性化粧品の時代が幕を開けました。できるだけ化学成分の入っていないナチュラルな化粧品を使いたいという志向が高まり始めたのもこの時代です。

２０００年代に入ると、自然派化粧品の人気はさらに上昇し、本格的普及期に入ります。とはいえ、機能や効果を追い求める志向が衰えたわけではありません。一方では、できるだけ肌に優しい化粧品を使いたいというニーズがあり、もう一方では、美白や保湿に効果の高い化粧品にこだわるニーズがある。一見、矛盾する両方の志向を女性は難なく内包しています。

２０００年代からは化粧品マーケットをひとつのキーワードでくくるのが難しくなりました。美白に保湿、アンチエイジング、オーガニックあり。多様化した時代がやってきたのです。

志向が多様化しただけではありません。メーカーの顔ぶれも変わりました。異業種からの参入が増え、インターネットを舞台にしたネット通販専業の新興化粧品メーカーも多数出現しました。大手メーカーも多様化する志向に合わせて、複数のブランドを展開しています。販売チャネルも多岐に渡っています。女性の志向と同じように、業界の構図もまた変化したのです。

大混沌期だからこそチャンスがある

しかし、消費者志向やマーケットの多様化と併行するように、化粧品マーケットは低迷します。経済産業省がまとめた化粧品の出荷統計によると、統計を開始した１９３１年から出荷額は順調な伸びを続け、85年には1兆円を突破。97年には1兆５０００億円を記録しますが、この年をピークに減少を始めます。２０１０年は3年振りにやや持ち直し、１兆４２００億円となっています。

その一方で、伸びてきたのが輸出品と輸入品です。フランス、アメリカ、イタリア、ドイツ、イギリスなどお馴染みの国から、タイ、ポーランド、イスラエル、モナコ、モロッコ、ニュージーランドといった国まで、今では世界中から化粧品が輸入されているといっても過言ではありません。しかし、輸入品もリーマンショック後、減少傾向にあ

化粧品の出荷統計の推移

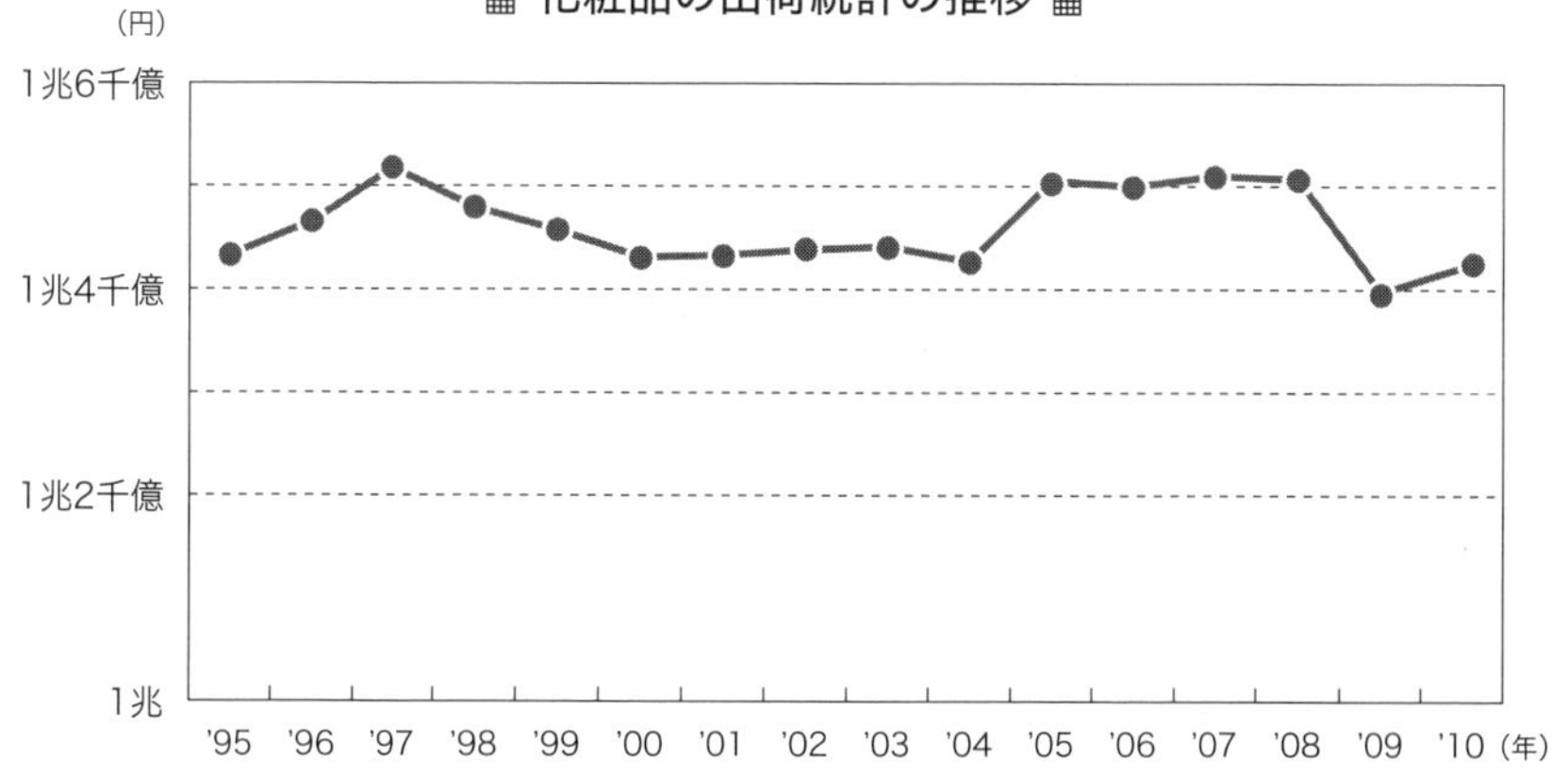

(経済産業省)

ります。化粧品マーケットを支えるほどではないのです。

そう、数字の上からいえば、日本の化粧品マーケットはすでに伸び盛りを過ぎました。人間でいえば、青年期を大きく過ぎ、熟年期にある状態です。今後も、微減もしくは横ばい傾向が続くでしょう。

現在は、隆盛期ではなく、化粧品をめぐる要素が多様化している時代。あえて名付けるとすれば「大混沌期」でしょうか。

では、どうしてこの時代に化粧品ビジネスを立ち上げることに意味があるの？　この本の趣旨はどうなるの？　そんな疑問を抱いた方も多いはず。その疑問には、次のようにお答えしたいと思います。

日本の化粧品マーケットは大手メーカー主導のもとに成長を遂げてきました。しかし、大手化粧品メーカーが多額の広告費をかけて展開するシーズンごとのプロモーションは効力が弱くなっています。ゼロではありませんが、その影響力はかつての比ではありません。

消費者は大手メーカーの広告宣伝に簡単には乗せられず、溢れる情報の海を泳ぎながら、自らのニーズに合った化粧品を探し求めています。その多様化したニーズにうまく対応し、独自性を打ち出せば、特定のファンをつかむことができるのです。

売上規模からいえば決して大きくはないでしょう。しかし、熱心なファン、確実なリピーターを獲得できれば、ビジネスとしては成立します。オリジナリティがあり、軸足のぶれない企業姿勢でビジネスを展開すれば、混沌とした化粧品マーケットで成功するチャンスは必ずあります。

もちろん、参入するメーカーが多いため、競争は激しく、生き残るのは簡単ではありません。しかし、企業規模や歴史の長さ、知名度は、もはや絶対条件ではなくなりました。チャンスをつないで、大ブレイクする可能性もゼロではない。どんな人にもチャンスが存在する。それが現在の化粧品マーケットです。

化粧品マーケットの構図

ここで、化粧品マーケットの構図を紹介しましょう。

化粧品メーカーは、チャネル（流通）別に主に以下に分類されます。

①制度品
②一般品
③訪問販売
④通信販売
⑤業務用品

①の「制度品」という言葉は一般的にあまり知られていませんが、化粧品メーカーと取引契約を結んだ化粧品販売店が販売する化粧品のこと。資生堂やコーセーといった看板を出している化粧品店を街で見かけたことはありませんか。こういったお店は、メーカー系列の販社や支社から納入された化粧品を、美容部員がカウンセリングして販売します。

ブランドごとにカウンターが設けられ、美容部員がコンサルティング販売を実施している百貨店の化粧品売り場は、この制度品が集結したスペースだと考えてください。

②の一般品では、制度品のように店舗がメーカーと契約を結ぶことはありません。雑貨を扱う問屋や卸を通して商品が納入され、店舗ではセルフ販売の形式を採用しています。ドラッグストアや量販店などの化粧品コーナーを思い浮かべてみましょう。あれが、一般品のチャネルです。

③の訪問販売や④の通信販売については説明の必要はないでしょう。

訪問販売はメーカーの販社や支社、営業所、代理店などを通して商品を仕入れ、訪問販売員が顧客の家に出向いて販売するシステムです。

④の通信販売では、販売員は介在しません。化粧品はメーカーから直接消費者の元に届けられます。ここ10年ほどで、通信販売の舞台は、カタログからテレビ・インターネットショッピングへとシフトしました。③と④はどちらも無店舗販売ですが、近年不調の訪問

販売に比べて、④の通信販売は上り調子。ここ20年でもっともシェアを伸ばしたのは、このチャネルです。

⑤の業務用品というのは、美容院やエステといった「美容のプロ」たちが使用する化粧品のことです。

次に、チャネル（販路）ごとのシェアを見ていきましょう。

もっともシェアが高いのはどのチャネルだと思われますか？　かつては①の制度品でした。ピーク時には半数近いシェアがありましたが、減少を続け現在は30％弱。とはいえ、百貨店や専門店を利用する女性は依然として多く、制度品は化粧品マーケットの一番の花形であり、化粧品らしさを象徴するチャネルです。

②の一般品はドラッグストアの台頭により、数字を伸ばし、制度品を上回りました。今やコンビニにも化粧品が並ぶ時代。コスメコーナーに売り場面積を割くドラッ

▦ 2010年の化粧品チャネル別シェア ▦

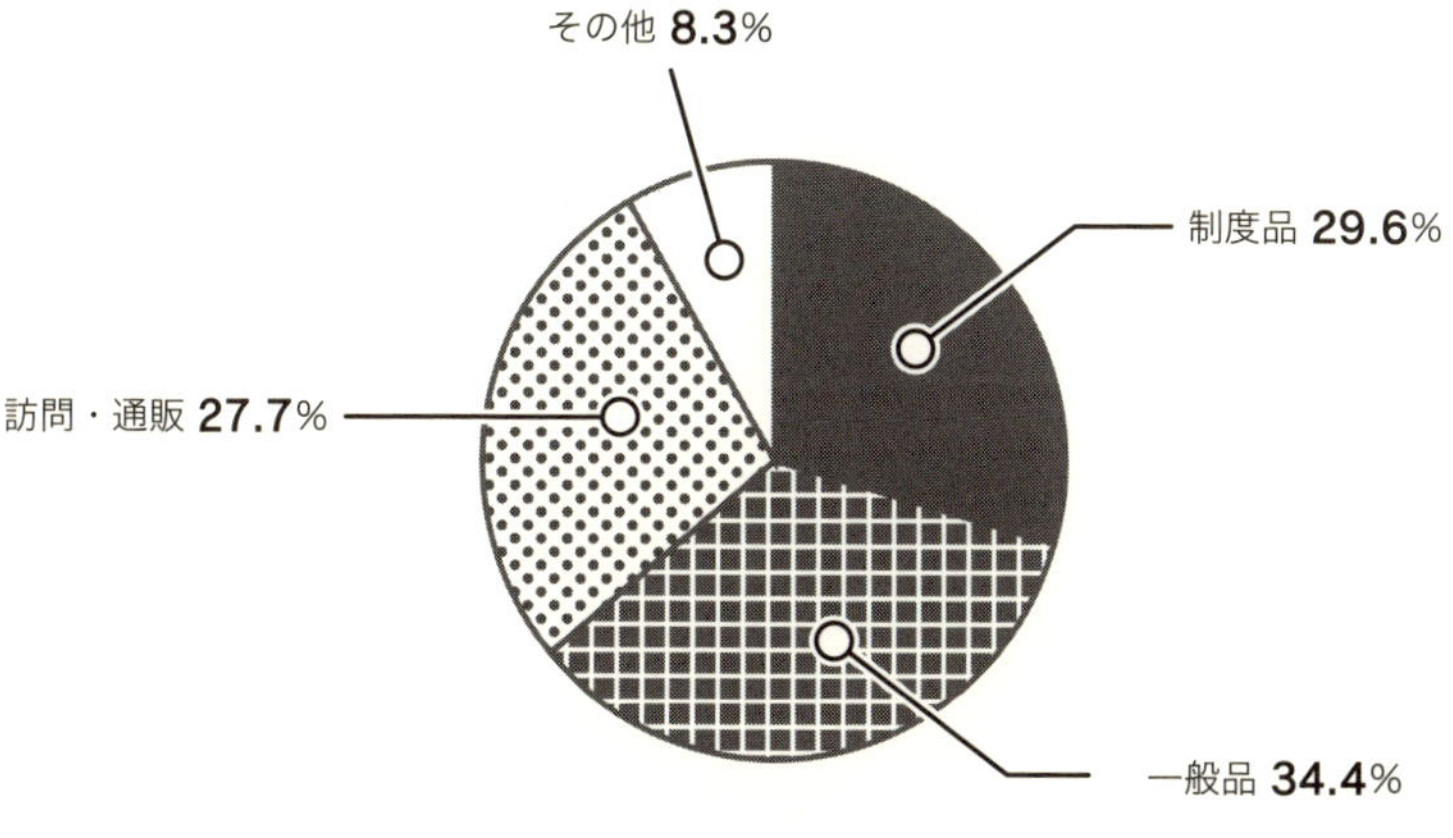

（『週刊粧業』2011年1月1日号より）

グストアも増えています。一般品チャネルの舞台は格段に広がりました。

近年、シェアを大きく落としたのが③の訪問販売です。一時は30%近いシェアがありましたが、現在は10%以下。じりじりと数字を減らしつつあります。

無理もありません。女性の社会進出により、昼間の在宅率は低下する一方。売りたくても生活者が家にいないのですから、この状況を挽回するのはかなり難しいでしょう。

訪問販売のマイナス要因の裏返しとして伸びているのが④の通信販売です。ほしいときにいつでもすぐに注文できるのが通信販売の一番の魅力。インターネットの登場によって24時間の注文が可能になり、通販はほかのチャネルを尻目に成長を遂げ、すでに20%近いところまで伸びてきました。⑤の業務用品のシェアは8%程度で、横ばい傾向にあります。

進むボーダーレス化

さあ、化粧品のチャネルについておわかりいただけたと思います。

ここで強調しておきたいのが、化粧品メーカーは複数のチャネルにまたがってビジネスを展開しているということです。かつては、チャネルによってメーカーが棲み分けられていましたが、チャネル間の壁は薄れ、ボーダーレス化が進んでいます。

例えば、制度品のメーカーの資生堂は2012年4月からほとんどのブランドのネット販売、つまり④の通信販売に踏み切ります。これまでは、取引契約をしている化粧品店への配慮から、直販には距離を置いていた制度品メーカーもネット販売は無視できなくなったということでしょう。

訪問販売の大手、ポーラ化粧品本舗は、85年から別会社として立ち上げた通信販売ブランド、オルビスが絶好調。今や全体の売上を支える看板ブランドとなりました。

その逆に、ファンケルのように通信販売から実店舗展開に乗り出すメーカーもあります。先に述べた通販のオルビスも積極的に出店攻勢をかけています。もはやチャネルだけでは化粧品マーケットを語れない時代なのです。

チャネルごとにある程度決まっていた化粧品の価格帯も変わりました。制度品は単価が高く、一般品は安い。かつてはこんな了解事項がありましたが、もう一般品だから安いとはいえません。ドラッグストアでも1万円以上の化粧品が販売されています。コンビニに並ぶ化粧品のほとんどは1000円を切る価格ですが、なかには2000円以上の化粧品も並んでいます。

生活者も複数のチャネルを使い分けるようになりました。化粧ポーチのなかには、資生堂の化粧品、フランス製の化粧品とコンビニコスメが同居しているというケースは珍しくありません。ひとつの化粧品ブランドで1から10まで揃える「ライン使い」の女性はもはや少数派ではないでしょうか。

化粧水と乳液はこのブランドがいいけれど、美容液なら外資系のここ、アイメイクはドラッグストアでいつも買うこのブランド、クレンジングはネット通販で——。このように、女性は自分の価値観で化粧品選びにメリハリをつけています。

用途によって、機能によって、気分によって自由自在に化粧品を使い分ける女性は、チャネルの壁も価格も知名度の壁も軽々と乗り越えています。化粧品マーケットはもうこれまでの常識や慣習で語れなくなりました。

だからこそ、チャンスがある。厳しい舞台ではありますが、勝機が横たわっているのも事実です。

異業種参入が増えているワケ

男性や高齢者も、誰もが知っている化粧品メーカー、カネボウ化粧品が異業種参入組だということをご存知でしょうか。

同社は最初から化粧品メーカーとしてスタートしたわけではありません。1887年に創業した繊維メーカー、カネボウ（当時は鐘淵紡績）の一部門として1975年に誕生しました。

2004年に多額の債務超過で経営危機に陥ったカネボウは、化粧品部門の営業譲渡を前提に産業再生機構に支援を要請し、化粧品部門は花王の子会社となりましたが、今もカネボウ化粧品としてブランドは生き続けています。経営母体は消失したものの、異業種から進出した成功組であることに変わりはないのです。

海外にも似たような例があります。シャネルやディオール、イヴ・サンローラン。百貨店の化粧品コーナーには欠かせない人気ブランドはいずれもファッション業界からの参入です。女性をターゲットとするファッションと化粧品は相性がよい。ブランド力も発揮できる。そんな理由からファッション業界からの参入が多いのです。

日本に話を戻して、異業種参入の事例に目を向けてみましょう。異業種からの進出は以前からありましたが、ここ20年ほど、その数は激増しています。味の素、メルシャン、宝酒造、西宮酒造、ニチレイ、全薬工業、ロート製薬、大塚製薬、キョーリン製薬、富士フイルム……。製造業の名前が多いことに気が付いたでしょうか。

化粧品業界に異業種参入が多いと聞くと、「利益率の高さが魅力だから」と考える人は

▦ 異業種からの化粧品進出（製造業編） ▦

社名	化粧品ブランド名
ヤクルト化粧品	リベシィ、リベシィホワイト、P–ZONE、パラビオ、グランティアなど
味の素	Jino（ジーノ）
御木本製薬	ミキモトコスメティックス
コンビ	ナナローブ
サントリーウェルネス	エファージュ
アサヒフードアンドヘルスケア（アサヒビールのグループ会社）	アクアレイナ
宝バイオ（宝酒造のグループ会社）	とわだ、メルグレースとわだ、アンデュマリ
日本盛	米ぬか美人
白鶴酒造	米の恵み、ドラマティックリペア
シルヴァン（ニチレイのグループ会社）	シルヴァン
第一三共ヘルスケア	トランシーノ
全薬工業	アルージェ
ドクタープログラム（キョーリン製薬のグループ会社）	トリニティーライン
イオナインターナショナル（ゼリア新薬のグループ会社）	リトルノ
佐藤製薬	ユリアージュ
大正製薬	ナリッシュ
ロート製薬	肌研（ハダラボ）、オバジ、セバメド、プロメディアル、OXY（オキシー）など
大塚製薬	インナーシグナル
富士フイルム	アスタリフト

（著者作成。以降出典が記されていない表はすべて著者の作成による）

たくさんいます。確かに、化粧品の粗利益率は一般的に60％以上といわれ、高い部類に入るのは事実です（ただし、巨額の研究開発費がかかっているケースも多いことは知っておいてください）。

しかし、利益率の高さだけが異業種参入が多い理由ではありません。ほかにもそれだけの理由があるのです。

効果効能を求める生活者

ひとつ目の理由は、生活者が化粧品により明確な効果や効能を求めていることです。化粧品は薬事法上、効果効能をうたうことは許されていませんが（医薬部外品は別です）、実質的には「薬」といっていいほどの効果がある化粧品がすでにたくさん市場に出回っているのは、女性の方なら実感しているはずです。

女性は化粧品の性能を重視し、肌を白くする、ハリを出す、シミを薄くする、くすみを取るといった化粧品を追い求めています。常に、もっとよいモノ、もっと効果のある化粧品を探しています。いい換えれば、自分の悩みを解決してくれる化粧品を求めている女性に効果的だと感じてもらえれば、その化粧品ブランドは一定の支持を勝ち取ることができるということです。

女性がもしブランド力や知名度、イメージだけを重視して化粧品選びをしているのであれば、後発の異業種参入組に勝ち目はありません。ブランド価値や高イメージをインスタントに醸成することは難しい。高級感や上質感を女性の心に刻み込むのは容易なことではありません。


歴史や伝統が背景にあるブランドと同じ方向性で戦うのは難しい。しかし、効果・効能の方向性で勝負するならば成功のチャンスがあります。その会社ならではの技術、素材、アイデアを具現化することで、ビジネスを軌道に乗せることは不可能ではないのです。

競合の多い化粧品業界のなかにも、勝てそうな土俵がある。しかもその土俵（機能性化粧品）は年々需要が増えている。それが異業種参入が増えている理由であり、製造業からの参入が多い背景といえます。

社内の有効資源を生かす

製造業は自社内にさまざまな「化粧品に有効活用できそうな資源」を持ち合わせています。効果・効能のアピールに使えそうな材料を持っている企業はたくさんあります。すでにものづくりの土壌があり、化粧品に活用できる素材や技術を持っている企業が多いからこそ、製造業から化粧品事業に乗り出す例が多いのです。

ヤクルトは乳酸菌技術を、味の素はアミノ酸の技術を生かした化粧品を開発し、酒造メーカーはバイオ技術を、製薬会社は製薬技術を生かした化粧品事業を立ち上げています。誰もが知る歌手の松田聖子と中島みゆきを起用し、大々的な広告宣伝を繰り広げている富士フイルムは、写真フィルムの色あせ防止に関する抗酸化技術や写真フィルムの主成分であるコラーゲンの研究成果をベースに化粧品を開発しました。

ただし製造業だからといって、化粧品の製造機能を持っているところはほとんどありません。多くはＯＥＭ（相手先ブランド製造企業）を活用しています。しかし、ものづくり全般に関する知識や技術、ノウハウがあり、化粧品に生かせそうな社内資源がある。これは化粧品ビジネスにおける製造業のアドバンテージといってもいいでしょう。

とはいえ、絶対の武器ではありません。化粧品マーケットをざっと見渡すと、翻訳業、家電品販売チェーン、ドラッグストアチェーンなど、サービス業界からの参入事例も意外なほど多いですし、美容院やエステサロン、美容皮膚科医からの参入例も当然少なくありません。軌道に乗ったブランドも多数生まれています。

こうした非製造業の強みとは何でしょうか。

それは、アイデアです。素材や技術はなくても、時流を読みながら女性の心をつかむア

▦ 異業種からの化粧品進出（非製造業編） ▦

社名	業種	化粧品ブランド名
DHC	翻訳業	DHC
プインプル （ヤマダ電機のグループ会社）	家電専門店	いな穂のしずく、 KouZen（酵然）
ドラッグイレブン	ドラッグストア	ディナクリスト
ニッセン	総合通販	葡萄ラボuva （ウーヴァ）
RGマーケティング （千趣会のグループ会社。B&C ラボラトリーズと共同で設立）	総合通販	レストジェノール
オージオ （ベルーナのグループ会社）	総合通販	オージオ
アルマード （セシールのグループ会社）	下着・アパレル通 販	アルマード ラ ディーナ
シャルレ	下着訪問販売	エタリテ
ドクターシーラボ （シロノクリニックのグループ会社）	美容皮膚科	ドクターシーラボ
ドクターケイ （青山ヒフ科クリニックのグループ会社）	美容皮膚科	ドクターケイ
不二ビューティ （たかの友梨ビューティクリニック）	エステティックサ ロン	セルコスメ

イデアを形にできれば、成功の芽はあります。美容院やエステサロンの場合は、すでに固定客をしっかりと持ち、彼女たちのニーズを把握しているという強みがあります。美容皮膚科医の場合は、美容皮膚に関する最新の技術や理論に精通しているという強みがあげられます。

製造業なら製造業の、サービス業ならサービス業の、つまり、それぞれに強みを生かして効果効能にこだわる女性に強く訴求できれば、それぞれにチャンスがあるわけです。

もうひとつ、異業種参入を支えている力強い仕組みがこの業界には存在します。これはPart2のChapter3で詳しく述べますが、ＯＥＭの存在です。「生かしたい材料やアイデア」さえ決まれば、それを化粧品として形にしてくれるＯＥＭが、参入障壁をぐっと低めているのです。

ＯＥＭ自体はほかの製造業にもありますが、これほど充実している業界は化粧品業界をおいて例がないのでは。「異業種の参入を強固に手助けする存在」は、化粧品業界特有の仕組みといってもいいでしょう。

大ブレイクしたＤＨＣ

化粧品業界には、数年に一度、大ブレイクする異業種進出組が現れます。

80年代後半に大ブレイクを果たしたのが、翻訳業を本業とするＤＨＣです。ＤＨＣは当時の社名・大学翻訳センター（DAIGAKU HONYAKU CENTER）の略称。１９８３年にスペイン産完全有機栽培のオリーブバージンオイルを核にした化粧品を販売したＤＨＣは瞬く間に女性の支持を集め、急成長を遂げました。

ＤＨＣは現在、通販化粧品としては業界第1位。化粧品マーケット全体でも、トップ10にランクインしています。どれだけの「ブレイク」だったのかがおわかりいただけるでしょう。

こんなにもＤＨＣが受けたのは、オリーブバージンオイルという自然素材を用いて、ナチュラルなケアを訴求したからです。当時、女性の間でふつふつと高まっていた「自然志向」を先取りしたともいえるでしょう。

シンプルなお手入れを訴求したのも効果的でした。今では、目的別に豊富なラインナップを揃え、サプリメントからインナーウエアまで展開しているＤＨＣも、当初扱っていた化粧品は数点でした。しかし、その絞り込んだラインナップでお肌をお手入れしましょうという訴求が、化粧の手間を省きたい忙しい女性たちの心をつかんだのです。

コンビニチャネルを最初に切り開いたパイオニアもDHCでした。99年からセブン-イレブンに投入した「DHCプチシリーズ」は人気を呼び、セブン-イレブンの客単価アップに貢献しました。コンビニコスメというジャンルの基礎を築いたシリーズです。こうしたビジネス戦略のうまさもDHCの強さの要因です。

DHCと同時期にブレイクした化粧品にファンケルがあります。化粧品会社としてのスタートであり、異業種参入とはいえませんが、売上規模は化粧品業界トータルでもトップ10内に入り、アジア諸国にも積極的に進出しています。

ファンケルは、「無添加」をキーワードに商品を開発し、そのコンセプトに合った販売方法を採用しました。具体的には、表示指定成分を含まず、香料や鉱物油をカットしたスキンケア化粧品を10㎖の小さな容器に入れ、完全密封した上で製造年月日を記し、生活者の元に届けるという方法です。「無添加」のコンセプトをとことん追求した企業姿勢が、肌に優しい化粧品を求める自然派ニーズをつかんだケースです。

DHCにしてもファンケルにしても、共通するのは時流を読んだコンセプトづくりのうまさ。大ブレイクには必ず理由があります。

オールインワンで大躍進したドクターシーラボ

ＤＨＣが大ブレイクした約10年後。今度は美容皮膚科医の世界からニューヒーローが登場しました。ドクターシーラボです。

90年代に入ると、肌の専門家である皮膚科医が開発に携わった「ドクターコスメ」が多数出現しました。そのひとつが、東京・恵比寿で開業するシロノクリニックが開発したドクターシーラボです。一部実店舗でも販売されていますが、メインチャネルはネット通販であり、通販化粧品会社としては現在、業界第５位の地位を確立しました。東証一部にも上場を果たしたドクターシーラボは、堂々たる大手化粧品メーカーの一員です。

数あるドクターコスメのなかで、なぜドクターシーラボがヒットしたのでしょうか。

これはなんといっても、化粧水や乳液、クリーム、下地の役割をすべて果たすアイテム「アクアコラーゲンゲル」の商品力に尽きるでしょう。

「オールインワン」という言葉があります。ひとつで複数の役割を担うアイテムを指す言葉で、できるだけ手間をかけたくない忙しい女性の志向を表すキーワードとされています。

5年ほど前から高い人気が続いているBBクリームも、美容クリーム、化粧下地、ファンデーション、コンシーラー、UVクリームの役割を果たすオールインワンアイテム。「アクアコラーゲンゲル」はまさにこのオールインワンの概念のさきがけとなる商品でした。

もうひとつ、大ブレイクした化粧品ブランドを紹介しましょう。

訪問販売化粧品会社の大手、ポーラ化粧品本舗が立ち上げたオルビスです。当初、「ポーラ」の名を出さずに事業を営んできたオルビスは、着実に売上を伸ばし、通販化粧品ではDHCに次ぐ売上規模に達しました。

オルビスの最大の特長は、「肌が求めるものは油分ではなく水分である」というオイルカット理論に基づいた、業界初の100％オイルカットスキンケア化粧品です。

もうおわかりですね。ブレイクした化粧品会社はどこも、よそにはないオリジナリティがある、独自性がある、明確な個性があります。もちろん、個性だけでヒットするわけではありませんが、消費者志向や市場動向を踏まえた上でのオリジナリティは化粧品マーケットで生き残るために最低限必要な要素です。

大ブレイクする化粧品会社の先例があることも、異業種参入組を後押ししています。明日は自分が、来年はうちの会社が――。それは決して夢ではありません。険しくシビアで困難な道のりですが、自動車業界や家電業界には絶対ないであろうチャンスがある。これからも化粧品マーケットへの異業種参入は跡を絶たないでしょう。

小さなブランドでもブレイクの可能性がある

女性は昔から化粧が大好き。この章の冒頭で紹介したように、いつの時代も女性は肌の美しさを追い求め、自分を美しく彩る化粧品を愛してきました。その美容熱は、90年代後半からますます加熱の度合いを高めています。機能をうたう機能性化粧品が爆発的に増えてきた時期と重なる動きです。

この流れと呼応して、いくつも美容専門誌が創刊されました。ファッション誌や女性誌において化粧品の記事は不可欠ですが、この化粧品の記事を丸々一冊にした美容誌として誕生したのが、1998年に創刊された講談社の「VoCE」。この創刊を皮切りに、2001年には小学館から「美的」が、2004年には集英社から「MAQUIA」が創刊され、美容誌は、一大マーケットを形成しました。

女性の美容熱を象徴する存在として、日本最大級の化粧品の口コミサイトである「@cosme（アットコスメ）」の存在も見逃すことはできません。アットコスメは99年にサービスを開始し、2010年の時点でメンバー数150万人、クチコミ件数は800

万件に達しました。年齢や機能別にクチコミ評価をチェックできるアットコスメもまた、効果効能を追求する日本女性をサポートし、化粧品マーケットを盛り上げている存在です。

アットコスメで高く評価されたことで売上が急伸した化粧品は枚挙にいとまがありません。一部のファンしか知らないような地味でマイナーな化粧品ながらアットコスメでの評価を機に復活を果たしたという例も多いのです。

アットコスメでは、毎年ユーザーからのクチコミやクチコミ評価をもとに部門別のランキングを発表しています。通算3回以上部門1位を獲得した製品は「殿堂入り」となり、一過性ではなく、長くユーザーに評価されている信頼度の高いコスメの証といえますが、注目すべきはこの殿堂入りコスメのなかに、大手メーカーの製品ではない、中小メーカーの化粧品も多数入っていることです。

ねば塾の「白雪の詩」（石けん）、ナイアードの「ガスール粉末」（粉末タイプの洗顔料）、100円ショップのザ・ダイソーの「エバビレーナ アイブローコート」（アイブローの色落ちを抑えるコート液）、シービックの「デオナチュレ」（デオドラント制汗剤）。

もちろん、資生堂やコーセー、カネボウ、クリニークなど大手の有名ブランドも多数殿堂入りを果たしていますが、これまで使ったことはおろか、聞いたこともなかったようなブランドも少なくありません。これは、女性が、国内・海外、有名・無名、高額・安価を問わず、日本で手に入るほぼすべての化粧品を同じ俎上《そじょう》に載せ、フラットに評価していることの表れではないでしょうか。

これからの化粧品マーケット

スキンケア化粧品にしても、メイクアップ化粧品にしても、ある特定のブランドに女性の人気が大きく集中する、という事態はもう起こらないと見ていいでしょう。「今年はこんなスキンケアを」「このシーズンはこんなメイクを」と、どんなにメーカーや美容誌が声高に叫んでも80年代のような反響を得ることはなさそうです。

化粧品マーケットの主導権は購入する女性が握っています。何をどう選ぶのか、裁量は女性の手にあります。テレビや雑誌で情報を入手し、ネットでクチコミ評価をチェックし、実際に使ってみて、よいと思えば使い続け、よくないと思えば次を探す。こうした女性に今後ますます支持されるであろうと確信するのがネット通販です。ネットで情報を収集し、ネットで商品を購入し、使用後には自分の評価をブログやツイッター、フェイスブックを使ってネット上で公開する。もう誰もこの流れを止めることはできません。

チャネル別では、ドラッグストア間の価格競争は激しくなる一方で、百貨店は独自の地位を占めつつも、これからはテストマーケティングの場としての存在感を高めていくように感じています。

今後伸びるチャネルは何でしょうか。私がもっとも注目するのは、流通小売業のプライベートブランドです。無印良品が好例ですね。スキンケア化粧品は、すでにオーガニック、敏感肌、高保湿、ノーマル、ストレス肌、薬用美白の6シリーズに増えました。いずれも容器やデザインはシンプルに無印良品らしくまとめられ、それぞれのシリーズコンセプトとよくマッチしています。

できるだけ肌に負担をかけず、肌が持つ本来の力を引き出しながら、肌の状態を上げていくという無印良品の化粧品のコンセプトは、過剰な装飾や機能を避け、シンプルに仕上げたリーズナブルプライスの家具や文具、衣料品、食品とも共通しています。そこが、売り場に置いても違和感がなく、消費者から支持される理由です。

無印良品以外にも、雑貨チェーンのアフタヌーンティー、ドラッグストアのマツモトキヨシ、総合通販の千趣会など、流通のプライベートブランドは多数生まれています。どこがやっても成功するとは限りませんが、今後、オリジナル化粧品を品揃えに加え、女性の集客を強化しようとする企業は確実に増えていくのではないでしょうか。本業のコンセプトや既存のラインナップに合致していれば、化粧品は強い武器となるはずです。

美容院、エステサロン、リフレクソロジーなど、サービス業の参入も増えそうです。イベントや販促用のノベルティのほか、結婚式の引き出物などでの利用も進むでしょう。化粧品ビジネスは、たくさんのチャレンジャーによる百花繚乱のステージに突入しているのです。

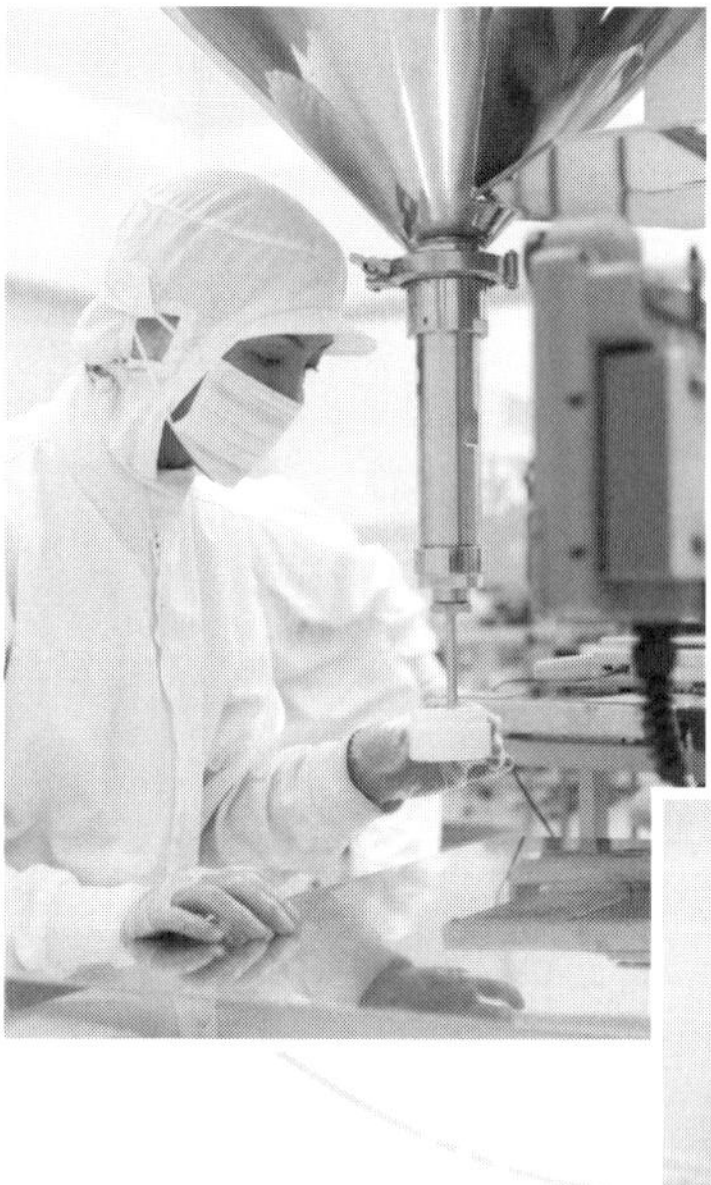

Chapter 2

化粧品ビジネス立ち上げの選択肢

Part 1

知っておきたい化粧品ビジネスA to Z

よし、化粧品ビジネスを立ち上げてみよう。自社でも化粧品事業を始めてみよう。そう考えたとき、いくつかの選択肢があります。そのいずれにも、メリットあり、デメリットあり。また、化粧品と一口にいってもいろいろな種類があり、その種類によっても可能なオプションは変わります。

あなたはどの選択肢を選びますか。この章では、可能な選択肢をご紹介しましょう。

オプション1　自分でつくる

化粧品を自分でつくるという手づくり化粧品派の女性は約10年前から増えてきました。とはいっても、全体の数からいえば高い割合ではありません。つくっている化粧品の種類も、ほとんどの場合、化粧水やリップクリーム、クリーム、石けんなど一部に限定されます。

ただ、一定層存在することは紛れもない事実。書店に行けば、手づくり化粧品や手づくり石けんの本はたくさん並んでいますし、手づくり化粧品用のキットも東急ハンズやネットで簡単に手に入るようになりました。

実際に、自分でつくった石けんをネットで販売している人もたくさんいます。そう、化粧品を自分でつくって売ることは不可能ではありません。その意味では、「自分でつくる」

▦ 化粧品ビジネス立ち上げの選択肢　それぞれのメリット・デメリット ▦

オプション1　自分でつくる

【メリット】	【デメリット】
• ハンドメイドなら導入費用が安い • 自分が納得できる材料だけでつくれる • まったくのオリジナル処方が可能 • ハンドメイドをアピールできる	• ハンドメイドの場合は大量につくることは難しい • 薬事法をクリアしない限り、「雑貨」として売ることしかできない • 品質を安定させるのが困難 • 製造機能を持とうとすると導入に必要な初期投資が莫大にかかる • 販路が限定される

オプション2　外国から輸入する

【メリット】	【デメリット】
• 日本市場にはない「新奇性」をアピールできる • 化粧品を一からつくる手間がいらない	• 商社などライバルが多い • 輸入に関する手続きが煩雑 • 処方が日本の薬事法に反している場合、処方を変更する必要がある • ある程度のロットが必要 • 在庫コントロールが難しい

オプション3　コラボレーションする

【メリット】	【デメリット】
• 自分のブランドを生かせる • 化粧品を一からつくる手間がいらない • 華やかなイメージがある • ある程度の売上を見込める	• オプションを選択できるのは一部の層限定 • 最近はネームバリューの高い人物とのコラボコスメが多く、競合激化

オプション4　化粧品OEMを活用する

【メリット】	【デメリット】
• コストが安い • 化粧品を一からつくる手間がいらない • 薬事法の許可申請や広告表示などもすべてOEMに任せられる • 製造物責任はOEMが持つ • 販売活動に専念できる • 大量在庫を持つ必要がない	• 自分たちにノウハウが残らない • 製造原価を下げにくい • 処方の完全なるオリジナルは難しい

という選択肢は、化粧品ビジネスのれっきとしたオプションなのです。

ただし、化粧品を製造し販売するのであれば、薬事法に基づいて化粧品製造販売業の許可を取得しなければなりません。

薬事法第2条第3項にはこうあります。

「人の身体を清潔にし、美化し、魅力を増し、容貌を変え、又は皮膚若《も》しくは毛髪を健やかに保つために、身体に塗擦、散布その他これらに類似する方法で使用されることが目的とされている物で、人体に対する作用が緩和なものをいう」

化粧水や乳液、クリーム、石けん、シャンプーなど、私たちが身体に使用するアイテムはすべて化粧品に該当します。必ず薬事法をクリアする必要があるのです。

【洗濯石けんなら販売可能？】

化粧品製造販売業の許可を取得する手続きについては Part2 Chapter5 で詳しく紹介するので、ここでの解説は簡単にとどめておきましょう。

まず、総括製造販売責任者、品質保証責任者、安全管理責任者を常勤で配置しなければなりません。薬学や化学の専門課程を修了し、化粧品の品質管理や安全管理業務に従事した経験がある人物が必要です。

いない場合はどうするのか。新たに雇い入れるしかありません。さらに、化粧品製造に適した製造所・保管場所を設け、安全性、安定性等の試験検査を行なう試験検査設備を置くか、試験検査機関と契約する必要があります。

ほかにも、品質管理業務手順書や記録類を作成したり、化粧品の品目ごとに化粧品製造販売届書を都道府県に提出するなど、専門的な知識と技術を要するハードルをいくつも乗り越えなければなりません。


では、インターネット上で自分がつくった石けんを販売している人たちは薬事法をクリアしているのでしょうか。実は、多くのショップは石けんを化粧品ではなく、「雑貨」として販売しています。洗濯石けんと同じ扱いなのです。

ネットショップの文面をよく見てください。おそらく、化粧品という文字や、顔や肌に使うという直裁的な表現はないはずです。もしあったら？　それは、薬事法違反だということです。

化粧品製造販売業の許可を取得しないまま、石けんを化粧品として他人に販売することは許されません。他人に譲渡することも認められていません。自分でつくり自分で使う。許された用途はそれだけです。

どうしても自分がつくった化粧水や石けんを化粧品として商業的に販売したい場合は、化粧品製造販売業の許可を取得しましょう。そうすれば堂々と販売できます。そうでなければ自分だけの趣味にとどめておくこと。それがルールです。

オプション2　外国から輸入する

オシャレな雑貨店に行くと、外国製の化粧品が関連販売されている売り場をよく見かけますね。大判のオーガニックタオルに石けんが添えてあったり、ボディクリームとセットで販売されていたり。使用シーンを想像させ、全体のイメージアップを図る効果的な販売方法といえます。

このような輸入化粧品は、多くの場合、専門の商社や問屋から仕入れたものですが、なかには自社で輸入しているケースもあります。まだ日本で紹介されていない化粧品を見つけ、自社で輸入し販売するのも立派な化粧品ビジネスの選択肢。海外には、日本製品にはない魅力に溢れたものがたくさんあります。日本人がまだ知らないだけで、新しい可能性に満ちた化粧品が世界にはまだ数多く眠っているかもしれません。

といっても、外国製の化粧品をどうやって見つけたらいいのでしょう。おすすめしたいのが見本市です。ヨーロッパやアメリカでは化粧品の見本市が定期的に開催されています。イタリアのボローニャでスタートした「コスモプロフ」はアジアでも開催される世界最大の化粧品の見本市。日本人が見たことも聞いたこともない化粧品や次のトレンドを生み出しそうな化粧品が勢揃いする大イベントです。

自然派化粧品やオーガニック化粧品に的を絞るなら、ドイツのニュルンベルクで始まった世界最大の有機見本市「ビオファ」も面白いでしょう。こちらは日本でも開催されています。また、同じドイツのフランクフルトで開催されている「アンビエンテ」は世界最大の規模を誇る雑貨の見本市。目新しい化粧品が見つかるかもしれません。

見本市で「これを日本に輸入したい」という商品が見つかったら、次のステップは商談です。いつ、どのくらいの量をいくらの掛け値で仕入れたいのかという条件を提示し、交渉をしましょう。条件が合えば、晴れて交渉成立です。

しかし、本当に大変なのは実はここから。ある意味、化粧品の輸入は自分たちで製造販売するよりも煩雑な手間を要するのです。

【配合禁止成分が含まれていたら輸入は不可】

化粧品を輸入する手続きが煩雑な理由のひとつは、「これなら日本でいけそう」と思った化粧品が、日本で販売できるとは限らないからです。製造元から成分表と製品サンプルを入手し、成分チェック・分析を行なった結果、日本の薬事法で配合禁止（ネガティブリスト）となっている成分が含まれている場合には、オリジナル処方で輸入することはできません。

どうしても輸入したい場合は、処方に手を入れ、ネガティブリストの成分をはずさなければならないのです。メーカーが日本の薬事法上、問題ないように処方変更に応じてくれればいいのですが、それができない場合は、輸入はかなわぬ夢と消えます。

また、海外から輸入した製品を販売する場合であっても、オプション1と同じように化粧品製造販売業の許可を取らなければなりません。化粧品は製品ごとに化粧品製造販売届書を提出しますが、輸入品の場合は、この化粧品製造販売届書のほかに、化粧品外国届書と輸入届書を提出する必要があります。これらの届書はそれぞれ提出先が違います。

具体的には、化粧品製造販売届書は所在地の都道府県への提出ですが、化粧品外国届書は独立行政法人医薬品医療機器総合機構に、輸入届書は関東信越厚生局もしくは近畿厚生局が提出先です。こうした手続きを経てはじめて、通関に至るのです。

ちなみに、アロマオイルは雑貨扱いになるため、特別な法規制はありませんが、もしパッケージに効果効能に触れた「肌を保湿する」といった表現や、「肌のマッサージに使用する」といった表現がある場合には、「化粧品」とみなされる恐れがあります。つまり、薬事法に乗っ取った上での手続きが求められるということです。

そこまでは到底できない――という場合は、化粧品専門の輸入代行業者を使う方法を考えてみてはどうでしょうか。また、化粧品製造販売業の許可を持つOEM企業なら、輸入代行もしているところが多々あります。

自分たちで1から10まですべてを行なうと、作業量は膨大です。それを回避する方法のひとつが、輸入化粧品の取り扱い実績がある会社を通して輸入をしてもらい、その会社から卸してもらう方法です。これなら、薬学の知識と実務経験のある品質保証責任者や安全管理責任者を置く必要もなく、薬事申請にまつわる諸々の業務から解放されます。

ただし、当然ですが、輸入代行業者には代行費用を払わなければなりません。この費用は最低でも20万円~30万円は見ておきたいところです。まずは化粧品の輸入代行に精通した会社に相談してみるといいでしょう。

オプション3　コラボレーションする

これは、誰もが選択できる方法ではありません。対象を選びます。

その対象とは、すでに自分のブランドを確立し、ある程度の知名度や人気を確保している有名人や店舗などです。

具体例をあげましょう。

タレントのA美さんは、女性誌などによく登場する人気者。ファッションから美容、ライフスタイル全般にわたり、40代女性への影響力は高く、熱心なファンが多いことでも知られています。

そのA美さんが化粧品ブランドを立ち上げることになりました。といっても、実際に化粧品を製造するのは別の会社。すでに販売ルートを確保している下着の会社が、A美さんの名前を冠したコスメブランドをつくり、その販売ルートに乗せることになったのです。

これが「コラボ」という選択肢。芸能人やスポーツ選手などネームバリューのある人が、ブランド力はないけれど販売力に関しては実績がある会社と手を組む方法です。

もし、あなたに高いブランドパワーがあるならば、この方法は悪くない選択肢でしょう。薬事法や処方について高度な知識を持つ必要はありません。試作品にイエス・ノーの返事をするだけという場合もあるでしょう。もっと原料や処方に積極的に関与したいという人もいるかもしれません。どこまで商品開発に関わるかはその人によって異なります。

ともあれ、求められるのは一にも二にもブランド力や知名度。きわめて限定的な選択肢です。近年では、テレビ通販でモデルやタレントさんが販売し始めているようです。

オプション4　化粧品OEMを活用する

オプション1や2を読んで、「ちょっと自分たちには敷居が高い」と感じた方は多いかもしれません。

できるだけ自分でやろうとすればするほど、化粧品ビジネスの難易度は高くなる。その点、このオプション4はもっとも難易度が低く、万人におすすめできる方法といえます。

ＯＥＭとは、Original Equipment Manufacturer の略。他社ブランドの製品を受託製造する企業であり、化粧品製造に関してはプロ中のプロ。発注側が薬事法に関する詳しい知識を持っていなくても、薬剤や化学に精通した人材が社内にいなくても、化粧品ＯＥＭを活用すれば、目の前にある高いハードルは乗り越えられます。いえ、乗り越える手助けをするのがＯＥＭなのです。

ＯＥＭについては Part2 Chapter2 でさらに詳しく説明をしているので、そちらを参照いただくとして、ここではＯＥＭを活用するメリットとデメリットを簡単にまとめてみましょう。

【メリット】

①コストが安い

すでに何らかの製造機能（たとえば化粧品に近い化学製品など）を持っているのなら別ですが、そうでない場合、製造業を一から始めるとなると、多額のイニシャルコストが発生します。自宅のキッチンで細々とつくっている石けんを「雑貨」として売るだけなら、コストは新たに発生しませんが、化粧品として売りたいのであれば、それなりの設備と人材が欠かせません。

また、化粧品はつくるだけでなく、成分確認や安全性の評価も不可欠です。つくりたい化粧品のイメージがある程度具体的にまとまっていたとしても、実際に処方を組んで化粧品を試作すると、安定性が低かったというのはよくあるケースです。イメージ通りの化粧品がすぐにできるとは限らず、複数回試作するのが一般的です。

一方、製造機能と技術、処方開発スキルを持ち合わせた化粧品ＯＥＭに依頼すれば、必要な費用は外注費だけ。一般的に、外注費には、「こういう化粧品をつくりたい」というイメージをもとに処方を組み、納得がいくまで試作品をつくってもらう初回のみの代金も含まれています。

②煩雑な手間が要らない

化粧品を製造販売するときには、薬事法に基づいて化粧品製造販売業の許可を取得しなければなりませんが、これもＯＥＭを活用すればクリアできるハードルです。化粧品ビジネスを始める以上、薬事法に関する知識は持っておくべきですが、書類を整え、役所に申請する作業に関しては、「餅は餅屋」の発想でプロに任せたほうが確実です。

③製造物責任はＯＥＭが持つ

製造物責任法（ＰＬ法）をご存じでしょうか。製品の欠陥によって生命、身体または財産に損害を被ったことを証明した場合、被害者は製造会社などに対して損害賠償を求めることができる法律です。

化粧品の製造販売はさまざまな法律で規制されていますが、薬事法同様、製造物責任法もそのひとつ。これについても、薬事法の諸手続きと同じように製造をアウトソーシングし、OEMが製造販売元となれば、製造物責任はOEMが持つことになります。製造工程での安全管理や出来上がった製品の品質保証については第三者に任せられるのです。

④販売活動に専念できる

化粧品をつくり上げるプロセスはOEMとの共同作業とはいえ、自ら製造機能を持つのと持たないのとでは大違い。後者の場合、貴重な経営資源であるヒト、モノ、資金を、化粧品を売る行為、すなわち販売活動に集中することができます。

「どうつくるか」についてはプロに任せて、自分たちはつくった化粧品を「いかに売り込み、いかにファンを増やすか」に専念する。これはある意味、合理的な割り切り方ではないでしょうか。

⑤大量在庫を持つ必要がない

OEMに製造を依頼する場合の最低ロットは通常1000個（詳細は63ページ参照）。これを多いととらえるか、意外に少ないととらえるかは意見が分かれそうですが、1000個というのはかなり着手しやすい数だと私は考えます。

現代は多品種少量生産の時代。最近のOEMは、以前と比べるとかなりの小ロット対応が可能になりました。品目や内容によってはさらなる小ロットで生産することも不可能ではありません。
あらかじめ必要な数量を決めて製造を依頼すれば、大量の在庫を抱えるリスクもない。これは大きなメリットでしょう。

OEMへの依頼にはデメリットもあります。以下にあげてみましょう。

【デメリット】

①自分たちにノウハウが残らない

製造機能を外部に委託するわけですから、製造ノウハウは手元に残りません。詳しい製造ノウハウについて知らなくても化粧品をつくれるメリットは、製造ノウハウを自社内に蓄積できないということでもあります。

②製造原価を下げにくい

製造コストを下げようとしても、製造を他社に一任する以上、それは難しい問題です。販売価格を下げたいと思っても、製造原価を削減することは難しく、結局は自社内のどこかでコストを削減しなければなりません。

③処方の完全なるオリジナル化は難しい

OEMはたくさんのクライアントを抱えています。それぞれの依頼を受け、希望を踏まえて化粧品を製造しています。どのクライアントも現在の消費者ニーズに沿った化粧品をつくりたいという思いは同じです。こうした注文をこなしていく以上、ある程度、共通した原料を使用し処方するのは避けられません。

そこで、材料の組み合わせによってオリジナリティを高める、開発ストーリーで独創性を演出するという方法をとるわけですが、それでは困る、よそが真似できない完全なオリジナルを実現させたいという場合には、かなりの製造量が求められます。仮に、ＯＥＭや原料メーカーと「この成分はウチだけにしか使わない」という独占的な契約を結ぼうとすれば、製造個数は当然１０００個では済みません。最低でも万の単位が必要です。在庫リスクが高くなることは避けられないでしょう。

完全なオリジナリティを追求するということは、自らリスクを引き受けることとイコールです。在庫リスクと引き換えにしてでも個性的な化粧品を徹底的に追求するのか、在庫リスクを回避するために商品コンセプトで差をつける努力をし、処方ではある程度のところで折り合いをつけるのか。あなたの判断次第です。

Chapter 3

化粧品ビジネス気になる質問にお答えします

Part 1

知っておきたい化粧品ビジネスA to Z

この章では、化粧品ビジネスに関して誰もが抱くであろう質問にお答えしていきたいと思います。化粧品をつくって売る手順や費用、最低限の個数、原料や容器の調達方法、そして薬事法をクリアするための手続きなど、多くの方の胸のなかにむくむくと膨らんでいるであろう疑問をピックアップし、解説することにしましょう。化粧品ビジネスの基礎知識をここでしっかり身につけてください。

化粧品ビジネスのおおまかな流れ

化粧品はどのようにして製造から販売に至るのか、気になりますね。ここでは、化粧品ビジネスを思い立ったそのときから、実際に化粧品を製造し販売するまでのプロセスを、OEM利用を前提にして、ざっくりまとめてみました。

左図で示したように、化粧品ビジネスを始める際の最初のステップ、それは自分が何をつくりたいのか、誰にどう提供していきたいのかという軸の部分を固めることです。

本当に化粧品ビジネスが必要なのか、あなたの会社や店、事業にとってどんな意味があるのか、そもそもなぜ化粧品ビジネスを立ち上げようと考えたのか、化粧品ビジネスに生かせそうな強みはあるのかなどを自問自答し、答えをまとめていくといいでしょう。すべ

▦ 化粧品ビジネスのおおまかな流れ ▦

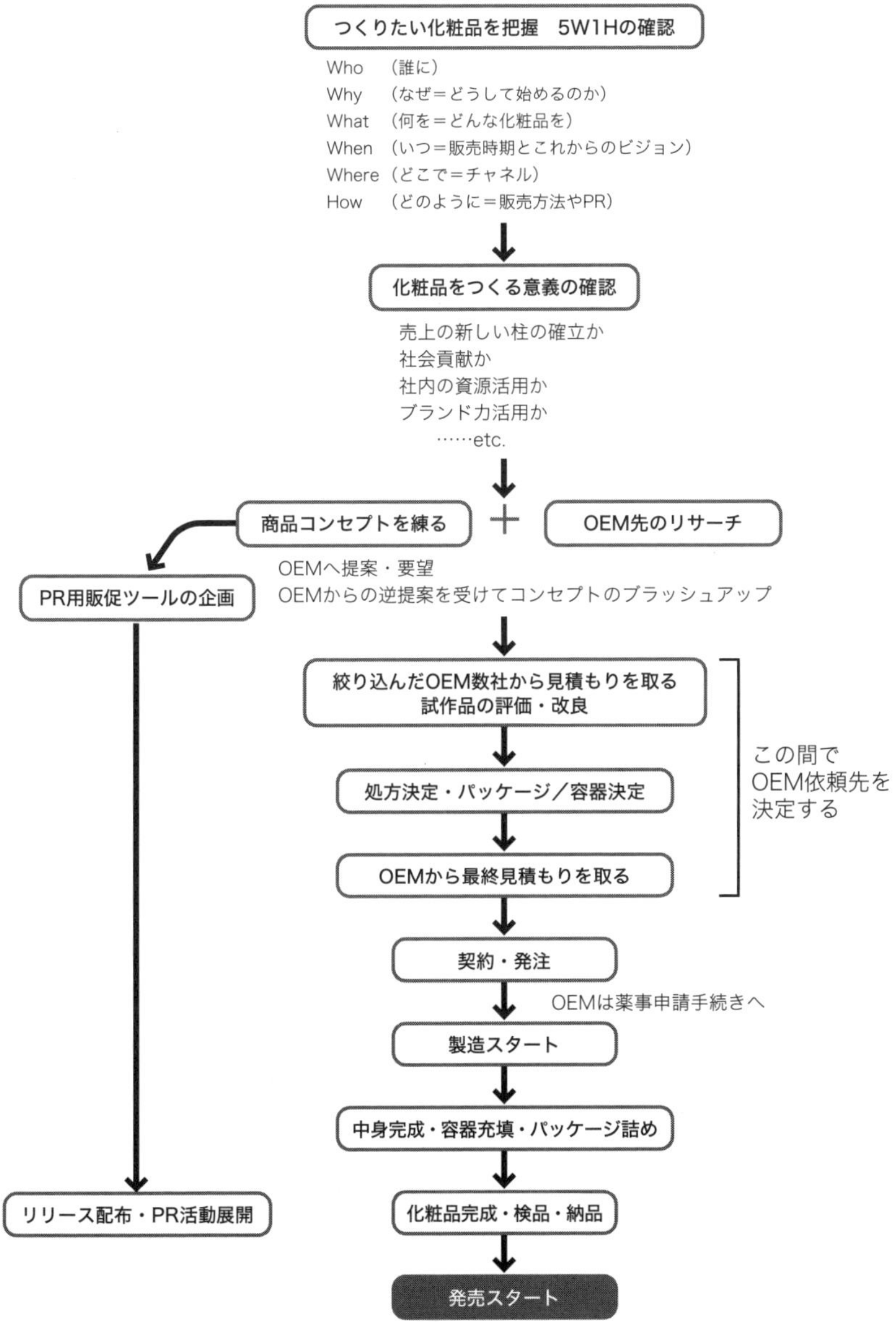
つくりたい化粧品を把握　5W1Hの確認
Who　（誰に）
Why　（なぜ＝どうして始めるのか）
What　（何を＝どんな化粧品を）
When　（いつ＝販売時期とこれからのビジョン）
Where（どこで＝チャネル）
How　（どのように＝販売方法やPR）
化粧品をつくる意義の確認
売上の新しい柱の確立か
社会貢献か
社内の資源活用か
ブランド力活用か
……etc.
商品コンセプトを練る
＋
OEM先のリサーチ
PR用販促ツールの企画
OEMへ提案・要望
OEMからの逆提案を受けてコンセプトのブラッシュアップ
絞り込んだOEM数社から見積もりを取る
試作品の評価・改良
処方決定・パッケージ／容器決定
OEMから最終見積もりを取る
この間で
OEM依頼先を
決定する
契約・発注
OEMは薬事申請手続きへ
製造スタート
中身完成・容器充填・パッケージ詰め
化粧品完成・検品・納品
リリース配布・PR活動展開
発売スタート

てはそこから始まります。

このプロセスを経て、はじめてコンセプトづくりに入ります。詳細はPart2 Chapter 1に記していますので、実際に作業に入る際には参考にしてください。

コンセプトワークと併行して行なう必要があるのが、OEM先のリサーチですが、この作業はそう簡単ではありません。

OEMといっても百社百様。どんなジャンルやカテゴリーに豊富な経験を持っているのか、実績があるのかは会社によって異なります。過去にどのような化粧品を手掛けてきたのか、どんな技術を生み出してきたのか。しっかりと確認したいところです。

なかには、自社ブランドを立ち上げている会社もあります。こうした自社ブランドにはその会社がもっとも得意とする領域や技術が集約されているので、自社ブランドを研究すれば、そのOEMの得意技やアドバンテージがつかめるでしょう。

数社（3社程度）に絞ったら見積もりを取り、同時に試作品を依頼します。これは、製造機能や研究機能をチェックするための重要なプロセスです。イメージに近いのはどこか、どのOEMとならコミュニケーションを円滑に進めることができるか、相性も考えて決定しましょう。試作品量が多い場合は有料となる場合がありますが、小額のはずです。

この作業と併行して、容器やパッケージのデザイン選定に入ります。OEMからの提案もあるでしょう。予算も考えながら、あなたのプランと照らし合わせていきます。

処方を確定する前に、テストデータを取ることもお忘れなく。近年では使用前・使用後の皮膚粘弾性や水分蒸散量、メラニン・紅斑の測定、毛穴やしわ、色素沈着、赤味や明度分布の解析ができる装置を備え、正式な契約後は無料でデータ化をしてくれる研究開発スキルの高いOEMも現れていますので、ぜひ活用したいものです。

UVケア商品のSPF（紫外線防御指数）やPA値（A紫外線防御指数）などの確認は有償ですが、簡単にできます。こうしてデータを取っておけば、販売時には自信を持って販売することができるはず。医薬部外品であればマーケティングツールとしてこれらのデータを使用することも可能です。

処方が決まり、容器やパッケージについても選定が済んだら、最終的な見積もりを取り、問題なければ契約が成立。発注をかければ化粧品の製造がいよいよスタートします。

製造工程は、製造↓充填・包装↓検品↓納品の順番で進みます。OEMには化粧品を製造しつつ、薬事申請も行なってもらいましょう。製造と薬事申請が終わればこれでオリジナルの化粧品が完成です。

おおよそのイメージはつかめたでしょうか。製造をスタートする前のステップが意外に多いのですが、この準備段階は化粧品ビジネスの軸足を決めることにほかならず、非常に重要な工程です。軸足が揺らいでしまっては処方も容器やパッケージの決定にもブレが生じてしまいます。しっかり固めていきましょう。

といっても、時間をかければいいというものではありません。大事なのは時間よりも中身。あなたが何のためにどんな化粧品をつくるのかをしっかりと煮詰めていくことです。

つくって売るまでの期間はどのくらいなの？

オリジナルの化粧品をつくってできるだけ早く売りたい。1ヶ月後のイベントで発売したいとお考えの方。それはあまりにも厳しい要求です。

スキンケア化粧品を1、2品だけつくるだけなら2日もあれば可能ですが、これはあくまで「製造工程」だけのお話。コンセプトを決め、処方を決め、容器やデザインを決める手順まで含めると、どんなに短くても3ヶ月は必要です。

ただし、この3ヶ月という数字もかなりシビア。私の数ある経験のなかでもまれにしかない例です。

必要期間としては6ヶ月を見ておいてください。最低でも4ヶ月、平均が6ヶ月です。

この日数は、スキンケア化粧品だから短くできる、メイクアップ化粧品だから時間がかかるということではなく、日数とカテゴリーに相関関係はありません。

ポイントは製造先とのやり取りをいかに円滑に進めていくか。自分のイメージが具体的であれば相手も処方開発をしやすいし、つくりやすい。意思疎通がスムーズに運ばれなければ完成までに時間がかかります。

最小ロットについて教えて

自分で化粧品をつくるのであれば、「最低これだけ」というロットの制約はありません。好きなだけつくれます。もっとも家内制手工業ですから、大量生産は不可能でしょう。

化粧品を海外から輸入をする場合やＯＥＭに頼む場合は、最低ロットというものが存在します。「ウチと契約するなら最低でもこれだけは注文してね」という取引条件です。これも正直なところ、ケースバイケースなのですが、どんなに少なくても１０００個は必要だと考えてください。

ただし、どの会社も１０００個から受けてくれるとは限りません。「当社は最低３０００個からと決まっています」という会社、「１万個はほしいですね」という工場などもたくさんあります。

もし、まずは1000個からつくってみたいのなら、その量に適したOEMを探しましょう。交渉次第ではもっと少ない個数から可能になるかもしれません。石けんの場合は製造ロットをもっと少なく、最低100個から可能という工場もまれにあります。

気になるコストのお話

これは誰もが一番気になる項目でしょう。皆目見当が付かないという方も多いはず。ずばりお教えしたいところですが、これも内容によって変わるので、あくまで目安ということで頭に入れておいてください。

スキンケア化粧品1アイテムをOEMに発注した場合、かかる費用はロット1000個で80万円前後です。この金額には、容器やデザイン、薬事法申請費用など、化粧品完成に至るまでに必要な費用がすべて含まれていますが、容器についてはきわめてシンプルなタイプを想定しています。ロット3000個であれば200万円前後。製造ロットが大きくなればなるほど1個当たりの費用は下がります。

石けんなら、機械練りで1個350円～500円、枠練りならその倍を見ておく必要があるでしょう（機械練りや枠練りについては116ページ参照）。つまり、機械練りならロット500個として17万5000円～25万円。枠練りなら、35万円～50万円の費用でオリジナル石けんをつくれるわけです。

化粧品を輸入する場合はどうでしょうか。

輸入価格は海外メーカーとの交渉で決まります。経費として、輸入通関費用、輸入取り扱い料、輸送料、税金などを合わせて、最低でも20万円は見ておきたいところ。FOB1万米ドルの商品を輸入したとすれば、トータルで約100万円以上はかかるでしょう（1ドル85円で計算）。

※FOBとは Free on Board の略称で、商品が船舶や貨車、飛行機などに荷積みされた時点で、その商品の所有権が買主に移転する取引条件のこと。

原料はどうやって調達する？

自分でつくるというオプションを選ぶ場合は、基材（ベースとなる材料）と有効成分、香料などを入手しなければなりません。しかし、いまや便利な時代となり、化粧品づくりに必要な原料はほぼインターネットを通して簡単に手に入るようになりました。東急ハンズなど一部店舗でも簡単な原料なら入手できます。手づくり化粧品のノウハウや簡単な処方を紹介した書籍やムックも多数発行されているので参考になるでしょう。
ＯＥＭに依頼する場合、自身（社内）で化粧品に活用できそうな素材や原料を持っている、あるいは心当たりがある、仕入れ先を知っているというのであれば、その素材を使って化粧品を製造してくれるＯＥＭを探すのが一番です。

化粧品の成分として利用できるかどうか不明だけど、地元の名産品や特産品の野菜や植物、水産物などを化粧品に活用できればやってみたいという場合も、ＯＥＭに相談してみることをおすすめします。研究機能が充実した会社であれば、化粧品材料としての可能性や実現性、将来性について回答してくれるはずです。原料研究も実施しているＯＥＭであればよりよいですね。

ここで注意しておきたいのが、日本の化粧品原料メーカーや化粧品会社は化粧品成分を表記する際、化粧品成分の「表示名称」を使用することが義務付けられていること。化粧品に含まれる成分は、すべて日本化粧品工業連合会によって策定されている成分名称でなければなりません。同じ成分なのに、メーカーごとに名称や呼称が違っていると混乱を招きます。混乱を避けるための措置なのです。
もし、ある植物を化粧品に使いたいのであれば、その植物のなかから、日本化粧品工業連合会の化粧品原料リストにある成分を抽出しなければなりません。その成分に表示名称がまだついていない場合はどうするか。表示名称の申請を行ない認可を取ればいいのですが、これはかなり困難な道のりといえそうです。

というのも、申請に時間がかかる上に、申請をしたからといって表示名称が希望通りに実現するかどうかはわからないからです。

原料をOEMに直接持ち込むときには、安全性や純度の面で問題がないかどうか確認できていること、成分が日本化粧品工業連合会の化粧品原料リストに記載されていることが使用できる必要条件と考えてください。

原料調達先についてまったく心当たりがない場合は、OEMにお任せとなります。あなたがつくりたい化粧品像やコンセプトをOEMに伝え、具体的な処方を組んでもらいますが、化粧品の基材はどれも決まっているので、この部分については差別化できる余地はあまりありません。

差別化できるのは、その基材に加える添加成分や基材バランスの違いによる出来上がりのテクスチャーです。どんなライフスタイルを提案するのか、美白に重点を置いた化粧品なのか、エイジングケア用の化粧品なのかによって、処方は絞り込まれていきます。原料を決め、処方を決めるためにも、「どんな化粧品を誰に向けて提供するのか」というそもそものコンセプトがここでも重要となります。

化粧品容器の入手方法

原料同様、容器メーカーにつてがあれば、自分で手配するという方法が考えられます。インターネットや電話帳から、容器問屋に自らあたることもできますが、一番簡単な方法は、やはりOEM先を通して調達してもらうことでしょう。

容器は一からオリジナルをつくると莫大な費用が発生します。オリジナル容器は、容器を構成する本体、ポンプ、キャップなどの複数のパーツにおいて新しく金型を起こすことになると、数百万円のコストになることは確実です。納期も既製品よりずっとかかります。数ヶ月は見ておいたほうがいいでしょう。

今は規格品でもオリジナリティを出しやすい容器が多数登場しています。容器に添付するラベルや印刷の種類（ホットスタンプ、シルク印刷、転写印刷など）・素材への着色などによって個性的な外観に仕上げる方法も多々あります。少量製造の場合、費用的には印刷よりもラベル添付のほうが割安です。

なお、製造ロットは最低1000個で済んでも、印刷加工された容器のロットは最低1000個では済みません。容器のロットは大きく、最低でも3000個は必要なのです。

実際に1000個分しか容器を使わなくても、値段は3000個とほぼ同じです。

初回は1000個しかつくらないけれど、反響によっては追加で製造していきたいと考えている場合は、まず1000個の容器をOEMに使用してもらい、残りは在庫として工場に保管してもらいます。再度、製造注文が入ったときに、保管しておいた容器を使用していくわけです。

といっても、無期限に在庫をストックしてもらうことはできません。1年ないし2年間の契約を結び、その期間内なら在庫保管費用はかからないが、2年を過ぎたら預かり料が発生するという契約内容を結ぶのが一般的です。

手づくり化粧品に使う容器やパッケージについても触れておきましょう。問屋に頼めば、OEMを通して調達したときと同じような費用が発生します。ハンドメイドの化粧品をいきなり3000個もつくるという人はまずいないと思いますが、やはり容器メーカーへの発注は最低でもロット3000個は必要だと考えておきましょう。

少数しかつくらないのであれば、大量発注が原則の問屋に頼むよりは、1個当たりは割高になっても、業務用の包材問屋で小売りもしている業者から購入するほうが現実的かもしれません。

パッケージはどうすればいいのか？

化粧品は中身、容器、そしてパッケージの３つで構成されています。パッケージは一番外側の包材と考えてください。

むき出しのまま販売されている化粧品も多いのですが、商品保護と価値を付加しようとすればやはりパッケージは不可欠。形状には以下のような種類があります。

- 箱型
- 袋型

素材もさまざまです。

- 紙製
- 段ボール製
- 布製
- プラスティック製など

小ロットの場合は、規格品にラベルやシールを添付してオリジナリティを演出します。ロットは１０００枚が最低でしょうか。容器同様、これ以下でも費用はあまり変わりません。紙製の箱であれば、1色印刷で1000枚を15万円前後で調達できます。容器と同じように、オリジナルを作成すれば費用がさらに膨らむことはいうまでもありません。

薬事法のハードルを越えるには

新しく化粧品ビジネスに参入する方にとって、薬事法は実に頭が痛い問題です。輸入をするにしても自分でつくるにしても、専門知識や実務が必須です。頻繁に実施される薬事法改正にも対応しなければなりません。

あなたの社内に薬剤師はいますか。薬学または化学に関する専門の課程を修了した人材はいますか。安全管理業務を行なうための手順書はつくれますか。

これ以外にも、薬事法上の化粧品製造販売業許可を取得するには、さまざまな手続きを経なければなりません。こうした煩雑な作業を回避し、かつ確実に法律上問題なく化粧品を製造販売していくには、答えはひとつ。

専門家に任せることです。

OEM、あるいはこうした許可申請業務に精通した行政書士に依頼すれば、もう面倒な作業に煩わされることはありません。行政書士に依頼した場合、費用は品目数や内容によっても異なりますが、最低でも20万円〜30万円は要するでしょう。ＯＥＭの場合は、製造見積もりに薬事法申請費用も含まれますので、ＯＥＭ活用が得だと思います。

医薬部外品の手続きはどうなるの？

前述した通り、化粧品は、「人の身体を清潔にし、美化し、魅力を増し、容貌を変え、又は皮膚若しくは毛髪を健やかに保つために、身体に塗擦、散布その他これらに類似する方法で使用されることが目的とされているもので、人体に対する作用が緩和なものをいう」と薬事法で定義されています。

注目すべきは、「人体に対する作用が緩和なもの」という一節です。緩やかに作用はするけれど、高い効果・効能を発揮するものは化粧品ではありません。効果をうたうことが許されているのは、医薬品と医薬部外品。俗に薬用化粧品と称される製品だけです。

この医薬部外品の製造販売・製造・輸入許可手続きは、化粧品よりもさらに複雑になります。医薬部外品製造販売業許可と医薬部外品製造業許可が必要で、品目ごとに「医薬部外品製造販売承認」を取得しなければなりません。化粧品製造販売業許可のみでは医薬部外品の製造販売は行なえないのです。

雑貨扱いにすれば薬事法は関係ないって本当?

これは本当です。ただし、どんな法律にも引っかからないわけではありません。先にあげた定義からわかるように、化粧品は「皮膚若しくは毛髪を健やかに保つために、身体に塗擦、散布その他これらに類似する方法で使用されることが目的」の製品です。つまり、顔や身体、毛髪に使用しないのであれば、それは化粧品ではないということ。石けんも、顔に使用すれば「化粧品」となりますが、洗濯用や台所用として使用するのであれば、それは「雑貨」であり、「化粧品」ではない。つまり、薬事法のしばりを受けなくなる。ルーム用のスプレーや衣服への香り付けのためのスプレーなども同じです。

仮に、洗顔石けんとして肌に使ってもらえるように製品のクオリティを上げたとしましょう。その場合も、薬事法の許可を取得していなければ、「洗顔石けん」として販売することはできません。

雑貨の販売は薬事法には引っかかりませんが、家庭用品品質表示法に乗っ取った表記を行なう必要があります。表示する内容は、品名・成分・液性・用途・正味量・使用量の目安・使用上の注意、付記事項として表示者名・住所または電話番号です。

輸入品についても、日本国内で販売を行なう以上は、家庭用品品質表示法に基づいた表示が必須となります。

薬事法が厚生労働省の管轄であるのに対して、家庭用品品質表示法は消費者庁の管轄です。詳しくは消費者庁のホームページで確認しましょう。

広告表示と薬事法の切っても切れない関係

化粧品は、効果・効能を訴求することが許されていません。現実には、高い効果を発揮する化粧品も多数開発されているのですが、いくら実態がそうであっても、法律上は「シミを消す」「アンチエイジングに効果がある」と断言することはできないのです。そのため、どの化粧品メーカーも薬事法に引っかかることがないように慎重な表記を心がけています。

女性誌で「○○の化粧品を使ったら翌朝ハリが出た」と女優やタレントが語っている記

事がよくありますが、あれは第三者の口を借りた表現であり、メーカー自身がうたってはいないことに注意してください。

どんな表記やコピーが薬事法に抵触するのか、どこまでの表現であれば薬事法上、大丈夫なのか。これは非常に微妙な問題であり、大手メーカーもまた苦労している領域です。

安全策を図るには、やはりプロ（OEMや行政書士）に事前確認を任せるのが一番でしょう。

以上、化粧品ビジネスにまつわる疑問点に簡単にお答えしました。薬事法にかかわる問題については Part2 Chapter5 で詳しく解説しています。求められる人材や必要な手続きについても記載していますので、目を通してみてください。どれだけ作業量が膨大で専門家でないと難しいか、広告表記にはどれほどのデリケートな配慮が必要なのか、ご理解いただけるはずです。

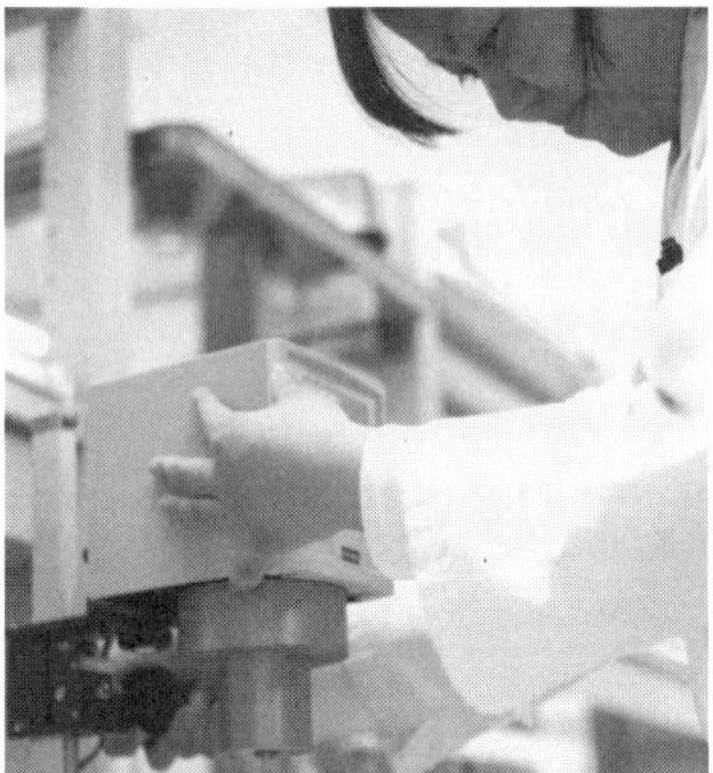

Chapter 1

コンセプトワーク

Part 2

さあはじめよう、化粧品ビジネス

シーズを把握しよう

どんな化粧品を誰に向けてつくるのか。それを詰めていくのがコンセプトワークですが、その前に、自分たちが持つ「シーズ（種）」を把握するプロセスが不可欠です。

シーズについてはご存じの方も多いでしょう。顧客の求めるもの、潜在的な要求を表すニーズと対の形で使用されることが多いマーケティング用語であり、一般的にはつくり手側がお客様に提供できる材料や技術を指します。

材料や技術といっても、化粧品に使用できるケミカルや素材、高度な技術ばかりを指すのではありません。もっと幅広い意味で、化粧品ビジネスに利用できそうな「経営資源」、それが私の考えるシーズです。「自社の強み」といい換えてもいいでしょう。

このシーズを掘り起こすのが、まず最初のステップ。以下の項目から、自分の強みを探ってみてください。

■歴史

「創業○○年」という歴史はそれだけで意味があります。一朝一夕に身に付けることができないバックグラウンドはぜひ生かしましょう。

▦ 自らの強みのチェックリスト ▦

☐ **歴史**	老舗である、創業数十年、過去に華々しい歴史がある
☐ **原料・素材**	眠っている素材がある、別事業で利用している原料や素材がある、取引先がユニークな原料や素材を扱っている、まだ研究段階だが実現化できそうなユニークな原料や素材がある、地元に化粧品に使えそうな原料や素材がある(鉱物・植物・食材・温泉など)
☐ **ブランド力**	特定の分野で高いブランド力を持っている(宮内庁御用達など)、一部の層限定だが強いブランドパワーを放っている、知る人ぞ知るブランドである
☐ **キャラクター**	ネームバリューがある、キャラクターが確立している、化粧品ビジネスに活用できそうな知名度の高い人物が社内にいる、ファンがついているカリスマ的人物が社内にいる
☐ **販売ネットワーク**	既存の販売網がある、有力な顧客ネットワークを持っている、化粧品ビジネスに展開できそうな顧客網がある、すでに店舗が複数ある、高い集客力を持つウェブショップをすでに展開している、通販事業を展開している、訪問販売事業を展開している、ネットワークビジネスを展開している、海外に販路がある
☐ **マーケティング力**	マーケティングリサーチを主要業務としている、女性のトレンド分析に長けている、社内に化粧品や美容に詳しい女性がいる、女性向けの商品開発を得意としている
☐ **研究機能**	自社に研究機能・部門がある、化粧品開発に使えそうな技術を有している、女性研究員がいる、化粧品に使えそうな技術や素材の研究を得意とする懇意の取引先がある

▪原料や素材

社内や取引先に化粧品に使えそうな原料や、既存事業で扱っている素材で、化粧品に活用できそうな材料はありませんか。

一見、化粧品とは関係がないように見えても、最初からあきらめてはダメ。化粧品マーケットには、海藻、納豆、ツバメの巣、蜂蜜、桜、リンゴ、シークヮーサー、米ぬか、豆乳といった食材を使った化粧品から、火山灰、温泉水、黒なまこを原料とした化粧品まであるのです。

その地方ならではの素材に注目するのもいいでしょう。地方の特産品や名産品を活用した化粧品は「ご当地コスメ」と呼ばれ、手堅い人気を集めています。その地方の象徴となるような素材、その地方らしさを感じさせる素材がないかどうか、じっくりチェックしてみてください。

▪ブランド力

化粧品と親和性の高そうなブランドを自社ですでに展開しているとすればビッグチャンスです。ブランドは貴重な経営資源。ゼロから立ち上げブランドを育てていくより、すでに存在するブランドを生かしたほうがずっと早道です。オシャレな雑貨店やセレクトショップが化粧品を始めるのはブランド力を生かしたケースです。

▦ 主なご当地コスメ ▦

地域名	化粧品ブランド名	特徴
北海道	北海道ブラッククレンジングオイル	北海道の馬油職人が化粧落としや、毛穴のクレンジング用につくったオイル
北海道	マリヌーヴ	北海道に戻ってくる新鮮な秋鮭から抽出したサーモンオイルを熟成して仕上げた化粧石けん
青　森	林檎のピールクリアジェル	青森県産のみずみずしいリンゴと島根県出雲湯村のミネラル温泉水を使用したスキンケア化粧品
茨　城	水戸の納豆ローション	地元の特産品・納豆から抽出したポリグルタミン酸を配合した化粧水
群　馬	華ゆら	草津温泉街の旅館の女将がプロデュースした草津温泉水入りのスキンケア化粧品
富　山	ヘチマスキンローション	富山の有機栽培のヘチマから採取されたヘチマ水を低温殺菌、濾過したヘチマ水100%の弱酸性スキンローション
長　野	灯明の湯スキンケアローション	美肌の湯として知られる長野県八ヶ岳山麓海尻温泉・灯明の湯天然温泉を96.5%を使用した化粧水
徳　島	阿波ノ美	徳島県の名物すだちとわかめの天然成分を使ったスキンケア化粧品
長　崎	黒なまこ石鹸	高級食材や漢方薬としても商品価値の高い長崎県大村湾産の黒なまこから抽出したエキスを配合
大　分	美彩　梅のせっけん	大分県日田市大山町産の梅干しの実や種などを使用した石けん
鹿児島	ぼんたん石けん ベッピンたん	鹿児島特産品の柑橘類・ぼんたんのパワーを引き出した石けん
沖　縄	ちゅらら	久米島の海洋深層水と沖縄由来の海ぶどうやクミスクチン、アロエベラエキスを使ったスキンケア化粧品

▣キャラクター

女優やタレント、美容師や美容研究家、エステティシャン、皮膚科医など、すでに「美」に近い領域で個人として活躍し、キャラクターを確立している方は、化粧品ビジネスを有利に進めることができるアドバンテージの持ち主です。

キャラクター力の強い人、いわゆる「キャラ立ちしている人」には多くのファン、信者とも呼べるような熱心なサポーターがついています。これは、化粧品を販売する上での有効な材料です。ある程度の販売個数が見込める強みは最大限に生かしましょう。

▣販売ネットワーク

販売網の存在は、化粧品だけでなく、商品販売の異業種参入においては非常に有利な材料です。下着の販売会社ですでに何十万人もの顧客名簿を持っている、ネットワークビジネスを展開している、通販事業を通してたくさんの会員を擁している。こういったケースでは、化粧品を開発した後、販路開拓に悩まずに済みます。

もちろん、販売ルートに乗せさえすれば成功が約束されているということではないのですが、これからどう販売していくかを考え、新たに構築していかなければならないケースよりは優位であることは確かです。

▣マーケティング力

女性の志向やトレンドについてのリサーチに長け、次を読む目がある会社であれば、化粧品ビジネスを立ち上げても、面白い商品が出来上がるのではないでしょうか。化粧品にはマーケティング力が不可欠。この力をすでに備えている会社であれば、現在化粧品とは関係がないジャンルであっても成功の確率は高いといえます。

■研究機能

大手製造業の場合、自社内に研究部門を持っています。これもまた大きな優位性であることはいうまでもありません。最近では、アスタリフトを立ち上げた富士フイルムやインナーシグナルで化粧品業界に参入した大塚製薬がこのケース。富士フイルムは、本業に用いていたナノ化技術を化粧品に生かすことに成功し、大塚製薬は10年の月日をかけて、薬用成分「エナジーシグナルＡＭＰ」を開発し、化粧品に生かしています。

こうした研究体制は資金力のある大手だから可能であり、誰でも取り入れられるわけではありませんが、もし研究機能があなたの会社の内部にあるのであれば化粧品事業に生かしてみてはどうでしょう。研究開発だけ自社内で手掛け、化粧品の製造に関してはＯＥＭに依頼する、工場を別に借りるという方法を取るメーカーも多いのです。

開発者の考え方や姿勢がブランドに表れる

自分たちの強みを確認したら、次はブランドアイデンティティの確立に移りましょう。化粧品にもっとも必要なのがこのブランドアイデンティティ。わかりやすくいえば、ブランドの個性を確立し、ほかの化粧品にはない独自性と魅力を打ち出すことです。

その化粧品の名前を聞いただけで、化粧品を使用するときの楽しい気分や安らぎがよみがえり、得もいわれぬ幸福な気持ちになる、具体的なプラスイメージが喚起され、「ほしい」という気持ちに包まれる、これは最強のブランドアイデンティティを持った化粧品といえます。

このブランドアイデンティティを確立する上で、重要な役割を果たすのが開発者側の考え方や価値観です。

「紅茶」という文字を書いてみましょう。同じ漢字なのに、書く人によって出来映え、味わいがまったく違いますよね。優しい印象を与える「紅茶」、ワイルドなテイストを感じる「紅茶」、いい加減に書いたとしか思えない「紅茶」、あまりうまくはないけれど、丁寧な姿勢や誠実さが感じられる「紅茶」。「紅茶」の種類は、書き手の数だけあります。お手本を見てその通りに書こうとしても、否応なく書く人の個性やクセがにじみます。

これは化粧品ブランドにおいても同様です。

同じようなコンセプトで化粧品をつくっても、開発者が違えば出来上がりも違う。処方、容器、パッケージ、すべてにおいて開発者の姿勢が浮き彫りになります。開発者が「どういう化粧品をどんな人に送り届けたい」と考えているのか、その方向性が表れます。開発者の考え方や価値観は隠し通せるものではありません。

そんなのいいよ、儲かればいいんだから――。このような考えでは、しょせんそれなりの化粧品しかできず、事業を軌道に乗せることはできないと知ってください。利益ばかりを優先し、どんな女性がどのようなシーンでこの化粧品を使うのか、曖昧で不明瞭な化粧品ブランドは一時的には人気を集めることができたとしても、人気を長く保つことはできません。

ロングセラーを続けているブランドや固定ファンを獲得している化粧品は、ほかのどんなブランドにもかなわない力強い個性がある。その個性に投影されているのは開発者の考え方そのものなのです。

ターゲットのライフスタイル像を描こう

具体的な作業について説明しましょう。

第一のステップは、どんな人をターゲットとするのかを明確にすることです。ターゲットといっても、「20代後半～30代半ばの女性」のように、年齢で区切るだけでは不十分。もっと詳細なライフスタイルの設定が必要です。

なぜ年齢だけではダメなのでしょう。年齢によって肌の状態は変わりますから、年齢を抜きにしては女性の肌を語ることはできませんが、今や年齢不問、年齢不詳の時代。女性の志向は年齢だけで左右されなくなりました。

例えば、美白志向はすべての女性に共通します。20代からアンチエイジングに励む女性もいます。大人ニキビに悩む30代女性もいます。ファッションの趣味同様、「いくつになったからこのブランド」と決めてかかる考え方は過去の遺物になりました。年齢よりも重要なのはテイストであり、志向です。

ターゲットのライススタイル像を描く際には、次のような項目にわたって具体的に詰めていきましょう。

- いくつぐらいの年齢の女性か
- どんな場所、どんな部屋に住んでいるのか
- どんなインテリアを好むのか
- どんなファッションを好むのか
- どんな食事を好むのか
- 仕事と私生活のバランスはどうか
- 趣味は何か
- どんな音楽を聴いているのか
- どんな笑いが好きなのか
- 肌に関する悩みは何か
- どこで買い物をするのか

などなど、具体的な女性像をイメージすること。美容や化粧に関する項目だけでは不十分です。衣食住、つまりライフスタイル全般にわたっての価値感覚の設定が必要です。

描いた女性像にドンピシャの女性だけがそのブランドを使う、ということではありません。「こういう女性が使う」というイメージが明確であればあるほど、ブランドの個性が際立ち、「ああ、自分が探していた化粧品が見つかった」と、設定したイメージに重なる部分がある女性をひきつけるのです。

ファクトリーアウト型とマーケットイン型

ライフスタイルの設定は、女性の得意分野です。化粧品ビジネスを立ち上げるのであれば女性スタッフの存在は絶対不可欠。化粧品を使うのは女性ですから、ファッションやインテリア、食事や趣味など、ターゲットの女性像をイメージしていく上で必要な項目を埋めていく作業は女性ではないと難しいものです。

では、男性に出番はないのでしょうか。

もちろん、そうではありません。化粧品開発にも、マーケットイン型とファクトリーアウト型があります。マーケットインは消費者のニーズに耳を傾け、それを商品に反映させて市場に投入する商品をいいます。「まず消費者ありき」の商品開発です。

一方、ファクトリーアウトとは「まず技術や素材ありき」。ユニークな素材が見つかった、素晴らしい技術を開発できた。そうしたいわば種（シーズ）を商品化につなげていくタイプの商品開発です。

マーケットインの仕事は女性向きですが、ファクトリーアウトの仕事は男性向き。男性は「技術的にすごいものをつくりたい」という意欲が強く、まだ世に現れていない素晴しい技術を生み出したいと研究開発に燃えるのは圧倒的に男性です。マーケットイン型の商品とファクトリーアウト型の商品とが両方存在しているのが化粧品市場なのです。

アルビオンから販売されている化粧品に、「スキンコンディショナー」、通称「スキコン」という化粧水があります。発売は1974年ですから、もう40年近くも売れ続けている超ロングセラー商品です。

ハトムギエキスを配合した「スキコン」は、発売当時としては非常に珍しい白く濁った化粧水でした。技術担当者が米国に視察に出かけ、そこで白濁した化粧水を見かけたことが開発のきっかけだといいます。日本にはまだ例がない白い化粧水をつくろう、米国の製品よりもっと白い化粧水をつくろうという技術者魂が生み出した化粧品なのです。

「スキコン」は、その白濁した外見に加えて、肌のコンディションを整え、乾燥を防ぎつつ肌を心地よくひきしめる性能が女性の支持を獲得し、長寿商品となりました。ボトルも外箱も発売以来ずっと変わらず、二世代、三世代にわたって使用され続けています。

このように、ファクトリーアウト型の化粧品にもチャンスはおおいにある。ただし、その技術をうまく女性に伝えなければなりません。

「これだけ素晴しい技術なんだ」「画期的な素材なんだ」と訴えても、女性の心には響かない。「素晴しい技術をどんな風に使ってもらいたいのか」「画期的な素材を使うのはどのような女性なのか」「その商品が『私』の肌をどのように変えてくれるのか」を明確にして、ターゲットに届ける。それができなかったために、せっかくの技術や素材が「宝の持ち腐れ」となり、ヒットしなかった例は過去にいくらでもあります。

「まず技術や素材ありき」であっても、ターゲット像を具体化していくプロセスは必須なのです。

開発ストーリーを描こう

その化粧品はどんな風に開発されたのか。その技術はどのように生み出され、それをどういった女性に届けようとしているのか。こうした開発ストーリーを伝えることでブランドの魅力は高まります。

化粧品の世界で、開発ストーリーがうまい！　と私が感じるのは外資系ブランドが多いのですが、そのひとつに米国のクリニークがあげられます。

クリニーク誕生のきっかけは、１９６７年にアメリカ版ヴォーグ誌に載った皮膚科医オラントラック博士と編集長キャロル・フィリップスとの対談記事でした。皮膚科学的見地から化粧品を語った博士の理論は読者の関心を集めますが、この動きに注目したのが大手化粧品グループ、エスティ ローダーのエヴリン・ローダー（エスティ・ローダーの義妹）。彼女はキャロル・フィリップスとオラントラック博士を雇い、新しいブランドを設立しました。これがクリニークの始まりです。

世界初の皮膚科医監修のスキンケア ブランドとして生まれたクリニークは、皮膚科学の視点から顧客の肌を診断した上でのカウンセリング、シンプルな3ステップのお手入れ、100%無香料、アレルギーテスト済という独自のコンセプトで一世を風靡しました。皮膚科医監修、ヴォーグの編集長、エスティ ローダー。女性をひきつけるキーワードに溢れた開発ストーリーではないでしょうか。

同じエスティ ローダーグループ傘下のブランド、ドゥ・ラ・メールも女性の心をつかむ開発ストーリーを持つブランドです。

ドゥ・ラ・メールを開発したのは、NASAの宇宙物理学者マックス・ヒューバー。ロケット燃料の実験中に顔にひどい火傷を負ってしまった彼は、ただれた皮膚を治そうと治療薬の研究に没頭します。そして、12年もの歳月をかけて誕生したのが、ドゥ・ラ・メールの看板商品である美容クリーム、通称・奇跡のクリームの「ラ・メール」でした。

ドゥ・ラ・メールはこの開発ストーリーをひっさげて2000年に日本に上陸。60㎖入りで3万3600円という高価格ながら、大ヒットを記録し、「決めの一品として使いたい」「自分へのご褒美として大事に使いたい」という女性が続出しました。この大ヒットは開発ストーリーの力でもあるのです。

オリジナリティを追求しよう

開発ストーリーと並んで大きな力を発揮するのが美容理論です。化粧品をどの順序で使えば、自分が理想とする肌やメイクに近づけるのか。化粧品をどのように肌に使っていけば、効果的なのか。さらなる肌のレベルアップを図るには、何をどこに追加するのが理想的なのか。美容理論とはこれらの複合体です。

理論というと何だか大げさに聞こえますが、要するに、「使い方やラインナップの根拠」と考えてください。なぜその使い方が必要なのか、ラインナップの必然性はどこにあるのか。それを使用者に納得させるのが美容理論です。

一般に、スキンケア化粧品は、化粧水―乳液―クリームの順番で使いますが、化粧品によっては、乳液―化粧水―クリームの手順、いわゆる「乳液先行型」をうたっているものもあります。それは、そのブランドの美容理論ゆえ。乳液を使って肌を柔らかくした後で化粧水によって肌を引き締め、クリームで毛穴を閉じる。それがそのブランドの美容理論であり、その美容理論によって商品の処方も決定されています。

開発ストーリーも美容理論も、よそから借りてきたような「ありがち」なものでは成功は見込めません。ここでも求められるのはオリジナリティです。

そんな独創的な開発ストーリーは無理、と決め付けないで、まず何かひとつ、オリジナルの要素を考えてみましょう。素材でもいい、化粧品ブランドを立ち上げようと思ったきっかけでもいい、化粧品を使う手間を省くとか、こういうシーンで使ってもらえる化粧品を提供したいとか、ささいなことにもオリジナリティの芽は横たわっています。

女性に「このブランドは、こんな風に考えて化粧品をつくったんだ」「目的は明確なんだ」と納得して受け取ってもらえるよう、開発ストーリーと美容理論を伝えること。ぜひ検討してみてください。

ネーミング戦略を考える

ブランドのネーミング、商品のネーミング、ともに重要な作業です。

問題は、アルファベット3～4文字の名前など、主立ったものはすでに商標登録されているケースが多いこと。いいと思った名前は法律上、使用不可。これはよくある話です。

実際に商標登録されているか否かは、ＩＰＤＬ（特許電子図書館）の商標検索ページから簡単にウェブ検索できるので、まずここでチェックしましょう。ブラインド期間があるため、登録されていないから大丈夫とは限りませんが、最低限必要な確認作業です。

薬事法に反しないネーミングを心掛ける必要もあります。何度も述べていますが、化粧品は原則的に「効能・効用」をうたうことはできません（医薬部外品は別）。例えば、「アンチエイジングセラム」（セラムとは美容液のこと）というネーミングは薬事法上、不可。「アンチエイジング」という表現が薬事法に抵触するからです。「美白ローション」や「美白ジェル」という名称も化粧品では使用不可と考えてください。

ネーミングは実に微妙な領域です。かつては認められなかった表現が現在は認められているという例もあり、一概にはいえませんが、グレーゾーンのネーミングは避けたほうが無難でしょう。

このようにネーミングにはさまざまな制約が付いて回ります。制約があるなかで、化粧品の個性、特徴をうまく伝える言葉を創ってみましょう。

よくある言葉の組み合わせでもインパクトは高まる

仕事柄、女性向け商品のネーミングには敏感ですが、そんな私が最近、感心したネーミングに「ホワイトコルセット」（ビューティプランニング）があります。夜のお手入れ時に使用するクリームの商品名ですが、なんといっても「コルセット」という名称がうまい。コルセットは女性の身体のラインを補正する役割を果たす矯正用下着のこと。薬事法の境界線ギリギリの表現が多く見られる通販中心の商品とはいえ、下着用語を化粧品名やコピーに使い、「白い肌やシミ・シワの少ない肌に矯正する」力を喚起させるアイデアには脱帽です。

同じようにインパクトのある商品名としてあげたいのが、「塗るつけまつげ」（イミュ）というネーミングのマスカラです。聞いただけで、すぐにどのような化粧品なのか、ビジュアルに浮かびますね。これぞネーミングの勝利です。

「50の恵《めぐみ》」（ロート製薬）にも感心しました。コンセプトは、50才からの肌と髪の悩みを考えて、50種類の養潤成分（うるおい成分）を詰め込んだ化粧品とヘアケア製品。実にわかりやすいと思いませんか。50代、50種類。ブランド名の「50」が意図するところがすぐ伝わってくる。「恵」という言葉もわかりやすい。

「50」と「恵」という言葉自体、特に面白みはありません。ごくごく普通の言葉です。しかし、組み合わせると、こんなにもコンセプトに合致したネーミングになるのです。

かつて、化粧品業界ではターゲットの年齢をおおっぴらにうたうことはタブーとされてきましたが、それはもう昔の話。女性の志向はエイジレスになっていると述べましたが、その一方でやはり加齢からくる肌の衰えには逆らえないことはわかっている。「50の恵」は、こうした動きをうまくとらえたブランドです。

最後にもうひとつ、75年以上の歴史を持つ「れんげ化粧水」も紹介しましょう。れんげ研究所が発売しているブランド・れんげ化粧水のラインナップはブランド名と同じ「れんげ化粧水」1点のみ。「れんげ」と名付けながら、化粧水に使用している材料はレモンです。

しかし、このれんげ化粧水というネーミングは見事に成功しています。温暖な気候のもとでスクスクと育った搾り立てのレモン果汁を用いた「れんげ化粧水」は、元祖自然派化粧品ですが、このコンセプトにブランド名がうまくマッチしているからです。

「れんげ」という花を思い浮かべてみましょう。素朴で可憐な野の花。日本人なら誰もが抱くこのイメージは自然派化粧品にぴったりではないでしょうか。

商品の仕様も調和しています。化粧水はプラスティックの白いボトル入りで、可愛いロゴマークが印刷されているだけのシンプルな仕様。ネーミング同様の素朴さです。洗練や華やかという言葉とは対極にありますが、れんげ化粧水ならではの個性を放っています。

美容理論も超個性派です。1日に3回～5回、顔中にまんべんなく、れんげがしずくとなって残るぐらいにたっぷりと付け、手のひらでたたいたりこすったりは厳禁。洗顔にもこの化粧水を使い、石けんやクレンジングクリームの使用は推奨していません。それどころか、ファンデーションの使用もすすめてはいないのです。

かなり特殊な美容理論であることは間違いなく、一定の熱狂的ファンに支持され、長く長く売れ続けています。化粧品ビジネスのひとつの成功例でしょう。

「ホワイトコルセット」「塗るつけまつげ」「50の恵」「れんげ化粧水」に見るように、ネーミングはコンセプトに合致してさえいれば、よくある言葉の組み合わせでも十分に通用します。オシャレで耳あたりがよい英語やフランス語で何か探したい。こう考える人はたくさんいますが、この路線だけでは競争が厳しすぎる。大手化粧品メーカーによって商標登録済みの可能性が高いのです。コンセプトを表す言葉をたくさん書き出し、アイデアを結集して、「それがどんな化粧品なのか」が率直に伝わるようなネーミングにチャレンジしてみてはいかがでしょうか。

ラインナップはどうする

前の項で紹介したれんげ化粧水はラインナップがわずか1点という非常に特殊なブランドですが、私は基本的には化粧品ビジネスをスタートする場合、最低でも3点は必要だと考えています。

これはスキンケア化粧品の場合ですが、まずほしいのは以下の3点。

【スキンケアの基本３点】

- 石けん、もしくは洗顔料
- 化粧水（できれば美容液に近い成分がいい）
- ＵＶケアミルク、もしくはＵＶケアクリーム

石けんだけ、化粧水だけだと、そのブランドがどういう個性を持っているのかがわかりづらい。３点あれば、今の女性には必須のＵＶを含めた基礎的なスキンケアの流れが一通り完結するので、コンセプトを体感しやすいのです。

もしこの３点に追加するのであれば、次の２点を考えましょう。

【スキンケアの基本３点に追加する２点】

- クレンジング（油分落としの機能を持つアイテムとして）
- 肌を保護するクリーム

最初の３点だけでは、油分を含んだファンデーションを完全に落とすことはできません。化粧水だけでは肌を保護するには不十分。５点あれば、朝は石けんで洗って顔を引き締めた後、化粧水で肌を保湿し、日中にはＵＶケアミルク（もしくはクリーム）を塗って日焼けに備える。夜は、クレンジングで油分を落とした後、石けんと化粧水を使い、最後はクリームを塗って肌をプロテクトする。これでほぼ完璧です。

ヘアケアのブランドを立ち上げたい場合も、スキンケア化粧品と考え方は同じです。

【ヘアケアの基本3点】

- シャンプー
- コンディショナー
- UV機能のあるスタイリング剤

シャンプーで汚れを落とし、コンディショナーで潤いを与え、スタイリング剤で日焼けに備え、髪をスタイリングする。各々の機能がはっきりしますね。

予算がないからと1点だけでビジネスを立ち上げるのも、もちろん「あり」です。ただし、「れんげ化粧水」のように相当の個性がないと難しい。絞り込めば絞り込むほど、独自の美容理論や際立った開発ストーリーが求められます。

なお、ラインアップは多ければいいということではありません。むしろ、最初から点数を増やしすぎると、焦点がぼけてしまいブランドの特徴が曖昧になります。最低でも3点、可能であれば5点。そこからスタートするのがベターな選択です。

重要な価格設定のお話

商品の上代（小売店での販売価格）をどうするか。

これは実に悩ましい問題です。原価に一定の利益を乗せて付ければいい？　いいえ、そういう単純な問題ではありません。価格は原価や利益率だけで決めるのではなく、どういう売り方をするのか・したいのかまで含めて考えなければなりません。

仮に、予算があまりないから自社でネット販売すると決めたとしましょう。これなら販売にかかる費用はネットショップの運営費用のみ。人件費も社内の人間を担当に据えればいいだけですから、コストはそうかかりません。この場合、当然、上代は安く設定できます。原価に利益を上乗せして設定すれば、完了です。

あえて戦略的に高い上代を付けるという方法もなくはありません。ただし、原価500円の化粧品にいきなり2万円の上代を付けても売れるはずがありません。適正な価格の範囲があることは踏まえておきましょう。

ネット直販だけではなく、店にも卸したい、いずれは百貨店にも進出できれば——。将来的にこんな構想を描いているのであれば、最初から上代を高く設定しておく必要があります。実店舗に卸すには、問屋経由になるのが通常のルートだからです。つまり、問屋に支払うマージンまで計算に入れておかなければなりません。

テレビショッピングで販売したいという場合は、さらにマージンを取られることを覚悟しましょう。テレビショッピングは原則として買い取りはしてくれません。発注個数が非常に大きいのも特徴です。

たくさん用意し、めでたく完売になれば問題はありませんが、売れ残った場合、商品はすべてメーカーに返品されます。用意する数が大きいだけに、売れ残ったときは悲惨です。売れればいいけれど、売れなければ大赤字。テレビショッピングはブランドの名前を売るにはよいメディアですが、大きなリスクがあることは知っておきたいところです。

チャネルが変われば、その都度、価格を変えればいいじゃないか、と思われた方。残念ながら、これは不可能だと申し上げておきましょう。

ネット直販用に設定した上代を、実店舗に卸すからといって急に値上げすることはできません。容量を変更することで多少の値上げは可能ですが、急な値上げは、生活者に「根拠なき大幅値上げ」と不信に思われる可能性が高いのです。そうなれば、ファンが離れていくかもしれません。利用者とは関係のない事情で行なわれる値上げは避けるべきです。

つまり、最初に化粧品の上代を設定するときには、「この化粧品をこんなチャネルで売っていきたい」という将来的なビジョンが不可欠なのです。目先のことだけを考えて単純に価格を設定すると、後でその価格にがんじがらめにされ、ほかのチャネルへの進出が難しくなります。

どのチャネルで売るのか、将来的にもそのチャネルだけなのか、いずれは別のチャネルでの販売も予定しているのか。未来像を描いた上で価格を決めていくことです。近年はアジア市場へ輸出するケースも考えておくとよいでしょう。

ここまでお読みいただけたら、コンセプトワークとは単にターゲットや商品の品目、特徴を決めるだけではないことをおわかりいただけたと思います。

まとめましょう。コンセプトワークとは、

- どんな暮らしを送っている生活者に（ターゲット設定とライフスタイル提案）
- どのような化粧品を（商品の特徴・処方やラインナップ）
- どのようなバックグラウンドを示しながら（開発ストーリーや美容理論）
- いつ（販売時期）
- どんな形で（販売チャネル）
- どのような名前の化粧品を（ネーミング）
- いくらで販売していくのか（価格）

以上のビジネスフレームを綿密に詰めていく作業にほかなりません。

Chapter 2

OEM徹底活用

Part 2
さあはじめよう、化粧品ビジネス

OEMを活用する意味とは

化粧品ビジネスの有力なサポーターのひとつがOEMであることは、Part 1 Chapter 2でお話ししました（50ページ参照）。

OEMは化粧品製造のプロ集団です。スキンケア化粧品からメイクアップ化粧品、石けんにヘアケア、ボディケア、ネイル用品に至るまで、いわゆる「化粧品」と聞いたときに人々が思い浮かべる商品は、化粧品OEMに依頼することで生産が実現できます。

大変煩雑な手間や複雑な知識を要する薬事申請や認可取得についても、OEMを活用すれば問題なくクリアできます。広告や宣伝物が薬事法に抵触していないかどうかについても、素人ではなかなか判断しづらいのですが、プロの目を通せば、「これはOK」「これは薬事法に触れる恐れがある」と確認することができるのです。

そんな化粧品製造のプロ集団はそれぞれ得意な領域を持っています。多くの場合、それぞれのOEMには「これなら任せて」という得意ジャンルがあります。一口にスキンケア化粧品といっても、美白に強いのか、ニキビ対策に強いのか、あるいは乳液やクリームなのか、美容液か、企業によってその「得意技」は違います。こうした「得意技」に注目した上で、あなたが力点を置きたい領域に強いOEMを活用すれば、それは幸福な組み合わせとなるはずです。

さらにもうひとつ、OEMを活用する大きな意味をお話ししましょう。

この業界は近年、画期的な進化を遂げています。「下請け的」機能に甘んじることなく、技術開発力、市場調査力、提案力を磨き、化粧品メーカーをしっかりと支える会社がずいぶんと増えてきました。なぜでしょうか。

それは、メーカーの依頼通りに「はい、わかりました」といって、注文通り化粧品を製造するだけでは、業界で生き残ることが難しくなってきたからです。お客様の成功イコールOEMの成功ですから、常にスキルアップしているパートナーを選ぶべきです。

進化するOEM

現在、化粧品を製造する企業が加盟する化粧品工業連合会には約1000社のOEMが登録されていますが、このほかにも1000社が存在するといわれています。

競争はこの国内2000社のなかだけで起きているわけではありません。ほかの産業と同じく、化粧品業界でも工賃が安い中国を始めとするアジア各国に製造拠点を移す企業が増えています。国内企業、海外企業合わせての熾烈な競争が繰り広げられているのです。

シビアな環境下で「下請け機能」に甘んじているだけでは、利益を削られる一方です。価格戦争は企業体力を消耗させるだけ。こうした事態に直面したOEMは生き残りを図って、自らの役割を見直し、新たな価値の付加に力を入れ始めました。その結果、複数の企業が変貌を遂げました。

市場の動きを読み、次の動向を予測し、世界中から有望な原料や素材の情報を収集し、ときには同業者やメーカー、原料商社と手を組みながら、斬新な化粧品開発に力を入れるOEMもあります。化粧品メーカーと比べても遜色がない研究所機能を備え、ハイスペックの装置を導入し、新技術開発に余念がない会社も存在します。

マーケティングや商品企画が得意な会社も少なくありません。「最近のマーケットはこういう動きですよ」「御社の持ち味を生かして、この原料を使った化粧品を開発してみましょう」「こういう素材を持っている会社があるので、その会社と手を組んでみるのはどうでしょう」「売り方についてはこんな風に進めましょう」といった具合に、コンサルティング機能を強め、適切な原料や製造先、容器メーカーなどの紹介に力点を置く会社もあります。

依頼者からの依頼内容や、その会社ならではの強みを生かして化粧品開発の道筋を考え、それを実現していく。こうした機能を備えたOEMは、もはや「下請け」とは呼べません。

既存の化粧品メーカーにとっても異業種参入組にとっても、OEMは化粧品ビジネスを展開する上でもっとも頼りになるパートナーなのです。

OEMの役割

ここでOEMの役割をまとめてみましょう。

- 市場調査を行ない、市場調査の結果を分析する
- 新技術や新成分を調達・開発する
- 商品のコンセプトを策定補助・代行する
- ターゲットや売り先を紹介する
- 原料や素材を調達・開発する
- 容器を調達する
- パッケージ（紙器）を調達する
- 化粧品の処方を開発する
- 医薬部外品の処方を開発する
- 化粧品・医薬部外品を製造する

■商品の機能性評価を行なう
■在庫管理を行なう
■薬事法の許可・承認の申請を行なう
■化粧品開発をプロデュースする
■コラボレーション先を探す
■PRを代行する
■薬事法に則って広告・宣伝物をチェックする
■市場投入後のマーケティングを補助・代行
■ビジネスマッチングや市場開拓を支援する
■人材教育を行なう

いかがでしょうか。これらはまさに化粧品メーカーが持つ機能そのものです。

といっても、すべてのOEMがこれらの役割全部を担っているわけではありません。化粧品を製造し、薬事の許可・承認の申請を行なう機能は必須で有していますが、それ以外の機能については企業ごとに異なります。

機能を製造に絞り込んだ会社もあれば、企画からPRまでトータルで化粧品をプロデュースできる会社もあります。つまり、どんなOEMを活用するかは、あなたがどの部分を自分で手掛けたいと考え、どの部分をアウトソーシングしたいと考えているのか、その内容次第なのです。

企画はこちらで考えるから、化粧品製造と面倒な薬事法の手続きだけをやってほしいと考える依頼主もいるでしょう。いや、自分たちには化粧品の企画は手に負えないからプランニングの段階から参加してもらい、化粧品ビジネスをトータルでサポートしてもらいたいと考える企業もあるはずです。

どこまでを依頼し、どの部分を自分たちの手で行なうのか。まず、この部分を明確にすることからOEMの活用が始まります。

注目の化粧品ビジネスサポーター企業に聞いてみました

OEMが持つ幅広い機能についてはよくわかった。でも、実際のところ、どのように化粧品を製造し、依頼主の要望に応えているの？　そんな疑問を持つ方も多いかもしれませんね。

そこで、次の項からは実在の企業にご登場いただき、得意分野や手掛けた化粧品などについてお話ししましょう。その役割や機能がつかめるはずです。

【スキンケアに強いシーエスラボ】

強みはゲルクリーム

シーエスラボ（東京都豊島区）は、フレグランスからスキンケア、サプリメントを守備範囲とするOEMです。

創業は平成16年（2004年）と、業界のなかでは若い会社ですが、研究開発機能を非常に重視しており、その技術力や生産コントロールの精度の高さには定評があります。

代表取締役の林雅俊さんに、一番の得意分野は何ですかとお尋ねしたところ、こんな答えが返ってきました。

「やはりスキンケア化粧品、なかでもゲル系が得意ですね。保湿性の高いゲルクリームや特殊な乳化剤を使って仕上げた乳液やローションの技術を得意分野としています」

女性ならゲルクリームはよくご存じだと思います。個体と液体の中間のような性質で、ゼリーのようなテクスチャーを持つクリームです。

このゲルクリームが化粧品市場に登場したのは約20年前。林社長は同社を設立する前は、別のOEM企業のCOO（最高執行責任者）として辣腕をふるい、ゲルクリームの開発に尽力しました。乳液なのに肌につけた後ベタベタしない、保湿力はあるのに使用後は肌がサラサラになる、ボディオイルをつけた後にすぐに服を着用できる——。シーエスラボは、ゲルクリームを筆頭に、こうした使用感の優れた化粧品を数多く世に送り出しています。

同社の高い技術力を支えているのが、ほかのOEMではほとんど例がないハイスペックの装置や設備ではないでしょうか。素材・原料を微細化する機械や、出来上がった化粧品をさらに均質化し安定させる役割を備えた機械など、高機能の装置をたくさん導入しています。

ナノ化と製品の安定化

高機能な装置のひとつが、製品や成分をナノ粒子化するマイクロ インパクト プロセッサーです。ナノとは基礎となる数字の10の9乗倍分の1（10億分の1）のこと。化粧品成分はナノ化することで肌への浸透度がアップします。美容成分が肌に届きやすくなることから「ナノ化」は現在の化粧品業界のキーワードとなっています。

この機械は、原料そのものをナノ化するだけではありません。すべての原料を混ぜ合わせた後に使用すれば製品はさらに滑らかになり、手触りがよく心地よく使用できます。テクスチャーにこだわる日本女性の心をつかむ化粧品に近づけるわけです。

マイクロ インパクト プロセッサーは、化粧品OEMの業界では導入事例はほとんどありません。主たる使用企業は医薬品メーカーです。目標とする患部に薬物を効果的かつ集中的に送り込む技術（ドラッグデリバリーシステム）が高く評価されているためです。

マイクロ インパクト プロセッサーに並ぶ、もうひとつの画期的な機械がカスタマイズスタビライザー（CSB）です。この装置は、試料を混ぜ合わせて均質化する目的で使用されます。粒子を柔らかく分散し、かつ材料表面にはダメージを与えることが少ないことから、この機械はリチウム電池や燃料電池など電極版製造の現場で使用されてきました。導電材を均一に分散し、リチウム電池の表面を滑らかにする工程で用いられているのです。日本が誇るハイテク産業のバックには、こういう装置が活躍しているんですね。

ＣＳＢも、化粧品ＯＥＭ企業で導入している例はほとんど見られません。この2つの装置だけでなく、浸透力、静菌性、洗浄性に優れた「超純水」を創り出す装置や、室温を23℃±1℃、湿度を50％±2％に保つ恒温恒湿室を設置したり、肌状態を客観的に評価できる肌画像解析システムを導入するなど、シーエスラボの工場や本社研究室には多様な装置が導入されています。

よきパートナーでありたい

なぜ、シーエスラボはこんなにも、ハイスペックの装置導入に熱心なのでしょうか。林社長はいいます。

「仕事が発注されるのをただ待つだけではなく、こちらからご提案していきたいからです。『この処方の化粧品をつくってください』というリクエストを聞いて、下請け機能だけを繰り返していては、当社のどこが優れているのか、どこが強みなのかがわかりづらいですよね。私たちは発注元様のよきパートナーでありたい。製造だけでなく、研究開発も生業《なりわい》としているのはそのためです。実際の仕事の比率としては、まだお客様の依頼を受けて製造するものが多いのですが、こちらから働きかけ、自主的に開発していく領域については増加しており、今後も力を入れていきたいですね」

シーエスラボの開発機能についても触れておきましょう。群馬県にあるシーエスラボの工場には、処方を開発し再現する研究所機能が置かれていますが、シーエスラボではこの工場に加えて本社にも開発部隊を設置しています。本社の開発は、一言でいえば「自己発信・自己提案型の開発部隊」。林社長は意図を次のように説明します。

「マーケティングも踏まえながら、一歩進んだ提案を行なっています。『日本ではまだ動きがありませんが、ヨーロッパでは今こういう化粧品が流行っていますよ』とか『今売れているのはこんな商品ですよ』と提案し、こちらからお客様に働きかけることができる集団を目指し、メンバーには、女性誌をチェックし、化粧品売り場を視察することを奨励しています。OEMも消費者に近づいていかないとこれからは厳しい。製造活動が消費者の志向とずれていってしまいますからね」

こう話す林社長が、これからさらに進むと見ているのが、スキンケア化粧品とメイクアップ化粧品との融合です。

「ファンデーションなのに美容液成分がたっぷり入っているとか、口紅に何かスキンケア機能が入っているといった商品、あるいは、これまでにないテクスチャーの商品が人気を集めていくのではないでしょうか。

発注元についていえば、自治体からの依頼が今後増えそうですね。どこの自治体も財政が逼迫していて、新たな収益源を求めています。ご当地の食材を使った食品がそのひとつですが、化粧品についても処方次第でその土地らしいユニークな化粧品は実現可能です」

実際に、シーエスラボでは群馬県の温泉旅館やホテルの女将を中心とした会に依頼され、旅館内で実施するエステに使用する化粧品の開発に携わったことがあるそうです。依頼を受けて、出来上がったのが群馬県の特産品の代表格であるこんにゃくとシルクを原料メーカーに加工してもらい、それを用いた化粧品。これぞご当地コスメですね。

「自治体以外では、東アジア圏への販売ルートを持っている企業も、有望なのではないでしょうか」と林社長は付け加えます。日本でＯＥＭの手により生み出された化粧品が海を渡る――。これは決して夢ではありません。

最小ロットは1000個から

ときには原料メーカーと手を組み、新しい素材を開発し、ときには大学と連携し、大学の研究室が持っている技術を化粧品に応用するなど、多彩な活動を繰り広げているシーエスラボ。日々、さまざまな依頼が飛び込んでくるといいますが、どういう化粧品をつくりたいのかプランが具体化していない場合でも、ヒアリングの上でコンセプトを決め、中身やパッケージ、デザインやネーミングについてトータルでサポートをしています。

では実際に商品を依頼した場合、どれぐらいの費用がかかるのか。ハイエンドな高級クリームを例に聞いてみました。

内容量が40ｇのクリームは最小ロット1000個から製造を受けているとのこと。使用する容器によりけりですが、ごくごくシンプルな容器に入れ、デザインや処方開発まで行なった場合、あくまで目安ではありますが、約80万円～100万円で製造できるといいます。ロットは多くなればなるほど1個当たりの単価は安くなるので、3000個なら200万円から可能だそうです。

この費用には、試作サンプル代も含まれています。依頼を受け、処方をつくり、試作品をつくり、薬事法の申請・許可の手続きに至るまでのトータルコストです。ただし、サンプルは30個以上は有償になるとのこと。

ちなみにトライアルとして試しに50gで100個だけつくることのできる装置もCSラボには整備されています。化粧品ビジネスを立ち上げるにしても、まずは少し試作してみて、反応を見たいという方も多いはず。そういう方にはうれしい選択肢といえるでしょう。

【石けんに特化したA社】

石けん一筋70年の老舗

次にご登場いただくのは、お風呂好き、入浴好きの日本人に欠かせない化粧品アイテム、石けんのOEMであるA社。70年もの長い歴史を持ち、石けんづくり一筋で事業を営んできた会社です。

A社の技術や商品の特徴について触れる前に、少し石けんについて知っておきましょう。石けんは、法律上、洗濯石けんと化粧石けんとに分類されます。製造原理はどちらも同じですが、洗濯石けんが衣類などを洗濯するときに使用されるのに対して、他方、化粧石けんは身体を洗浄することを目的としています。洗濯石けんは洗剤と同じ扱いであり、くくりとしては「雑貨」。薬事法の対象にはなりません。管轄は経済産業省です。

一方、化粧石けんは厚生労働省の管轄であり、薬事法の対象となります。薬事法をクリアできなければ、「身体への使用」等はうたえません。薬事法申請・許可を経ていない多くの手づくり石けんは、実は洗濯石けんと同じ扱いなのです（73ページ参照）。

A社が手掛けているのは肌に使用する化粧石けんですが、この化粧石けんは、製造方法により機械練りと枠練りとに二分されます。機械練りはその名の通り、機械を使った大量生産型の石けんで、K社の「ホワイト」やS社の「サボンドール」などが代表的なブランドです。

枠練りはメーカーによって方法が異なりますが、枠のなかに流し込んでつくると考えてください。シリア・アレッポ産の石けんなど輸入ものの石けんの多くはこの枠練り型に該当します。国内でいえば、S社の「ホネケーキ」やD社の「オリーブ石けん」などの透明石けんがこの枠練り石けんの範ちゅうです。

ちなみに、ボディソープは「ソープ」という名称が入っていますが、「石けん」ではありません。シャンプーやリンスの製法を応用してつくられるのがボディソープ。石けんメーカーではなく、主にシャンプーなどを製造しているメーカーによってつくられることが多い製品です。

石けんの製造方法にはケン化法と中和法の2つがあります。2つの違いはかなり専門的な話になりますが、わかりやすくいえば、かなりの手間暇を要する昔ながらの製法がケン化法。天然油脂を大きな釜に入れ、苛性ソーダを投入して反応させたら、食塩を加えてじっくりと釜だきする製法です。

中和法は、天然油脂を分解してグリセリンを除いてから原料となる脂肪酸を取り出し、そこに苛性ソーダで反応させる製法です。脂肪酸と、苛性ソーダの一部であるナトリウムが結合し、石けん（脂肪酸ナトリウム）となります。現在、石けんメーカーの大半はこの中和法を採用しています。

A社も例外ではありません。ではA社のどこが同業他社と違うのでしょうか。製品にどのような特徴付けをしているのでしょうか。

ベースは劣化の恐れが少ない国産チップを使用

いま日本の石けんメーカーの多くは、東南アジアから輸入した石けんチップを用いて石けんを製造しています。このチップとは、牛脂、ヤシ油などの油脂を分解・蒸留し、グリセリンを分離し、取り出した脂肪酸に苛性ソーダを加えたもの。輸入チップを使うメーカーが多いのは、コストが安いためですが、東南アジアの暑い国からチップを輸入すると、どうしても酸化し品質が劣化するリスクがあります。劣化防止のためには、ある程度の予測を立てて添加剤を調整し、水のなかに含まれる金属類の封鎖を図らなければなりません。
A社の場合、使用しているチップの大半は酸化劣化の恐れが少ない国産のチップ。この国産のチップをベースにしながら、A社は依頼先の要望を受け、ときには輸入チップをアレンジするなどして、さまざまなバリエーションの石けんを生み出しています。

社長はこう話していました。

「国産のチップに泡立ちをよくする輸入チップを組み合わせることもありますよ。石けんの原料の98％は3～4種類の石けんチップで成り立っていて、残りは添加剤のバリエーション。お茶や糠、アロエの粉末といった添加剤をプラスして特色を出すんです」

例えば、アロエの粉末を添加したアロエの透明石けんをつくるとしましょう。あなたは今、薄緑色の透明石けんをイメージしませんでしたか？　しかし、アロエの色は実は無色。アロエの成分が入った石けんであることを訴求するために、着色して「アロエ風」に見せているのが実態です。

カモミール石けんも同様です。植物のエキスのほとんどは黄色か茶色。しかし、そのままの色では「カモミール」という植物からイメージされる石けんにはほど遠い。そこで、巧みに着色を施し、「カモミール」をアピールするわけです。

その成分の特徴を生かしながら、ユーザーがイメージする石けんにいかに近づけていくか。それがA社の腕の見せ所なのです。

付加価値型商品の透明石けん

そして、A社の最大の特長といえるのが、透明石けんの技術です。宝石のような輝きを放つ透明石けんは、使用する人を魅了するピュアな魅力がありますね。エタノールを使用し、グリセリンや砂糖などの透明化剤を入れ、透明石けんを完成していくプロセスは熟練の技を要するそうです。社長のお話しによると、

「まず仕込みに半日、固化した石けんを規定のサイズに切断した後、熟成・乾燥の工程に入ります。だいたい乾燥室で40日～45日かかるでしょうか。

この工程を経ると、製造時に約20％あった石けん中のエタノールが10％程度に減量します。アルコールなので自然に蒸発するんですね。これによって透明性が高まりますが、そのままでは中は柔らかく、表面はざらざら。エタノールが減量したところとしていないところとの差が現れるわけです。

これを滑らかにするために乾燥中に一つひとつ丁寧に磨き上げていきます。これを『磨き』といいますが、第一磨きの後に型打ちをして、第二磨きまで行ない、ようやく完成です。包装して検品して、製品化するまでおおむね60日～70日を要します」

サンプルサイズの小さい透明石けんの場合、30日と製造期間は短くなりますが、通常の石けんが5日ほどで完成することを考えれば、透明石けんは手間がかかる製品であることは間違いありません。

長い時間と手間をかけて出来上がった透明石けんは、石けん分が約50％～60％と低いため、皮脂を取りすぎることがありません。肌への負担が少なく、滑らかな感触で、しっとりした手触りです。視覚的にも差別化を図れる付加価値型商品といえます。

とはいえ、もう少し短い時間で透明石けんができないのか。最近増えてきたこんな要望に応えて、A社では乾燥期間を短縮化できるエタノールフリーの透明石けんを開発しました。改良を積み重ねて生み出された苦心作。短期間の製品化を望む方には朗報でしょう。

透明石けんの種類の多さもA社のアドバンテージです。

泡立ちや使用感へのこだわりに応える

A社は2つの工場を稼働させていますが、最近、新たに小ロットのサンプルをつくれる小工場も設置しました。化粧品メーカーからも小ロットでつくってほしいという依頼が増えてきたからです。

受注の最低ロットは現在1000個。目安として、1個いくらで製造をお願いできるのか聞いてみました。

「1個350円から500円でしょうか。これは枠練り製法でつくった場合ですね。機械練りならその2分の1のコストで済みますが、ロットが大きくなるんですよ。機械練りなら最低でもロット3500個は必要です。もちろん、この価格は石けんに使う添加剤の種類や質によっても異なります」

今、石けんマーケットは追い風モード。いくつもの石けんを揃え、朝夕で使い分けたり、気分によって種類を変えるという女性が非常に多くなりました。

20年ほど前までは、石けんは贈答品としてもらうモノであって、買うモノではありませんでした。それが今ではドラッグストアのみならず、東急ハンズやロフトに行けば、石けんコーナーが設置され、しかも非常に充実しています。石けんの出身国も色も形も素材もさまざま。手づくり石けん派のためのキットまで販売されています。これほどの「石けん大国」は日本以外にないでしょう。

しかし、お金を出して石けんを買う女性が増えたからこそ、ＯＥＭはより特色を出していかなければなりません。社長はいいます。

「チューブ状の洗顔料やボディソープもありますが、日本人はお風呂に入って体をしっかりと温めて、石けんの泡で洗顔したい、体を洗いたいという方が多いと思うんですよ。女性はとくに、泡立ちや使用感に非常にこだわる。洗浄の目的は同じでも、洗い上がりがよくないと振り向いてはくれません。日本女性のシビアな要望にこれからもしっかりと応えていきますよ」

【色で魅了する　メイクアップのOEM　B社】

メイクアップOEMは棲み分けされている

ファンデーションに口紅、マスカラ、アイシャドー。肌をカラフルに彩るメイクアップアイテムは化粧品の「華」。売り場できらきらと光を放つ商材です。

B社は一部スキンケア化粧品も手掛けていますが、主力商品はメイクアップ化粧品。社長によれば、メイクアップ化粧品の製造技術は各社によって異なり、一社一社、それぞれ特色を持っているのだとか。

「スキンケア化粧品は、大きな装置があればまあなんとか出来上がりますが、メイクアップ化粧品は固有の処方製造技術にかなり左右されます。

例えば、溶剤を使用するネイルを製造するOEMはそう多くありませんし、ペンシルタイプの化粧品（アイブロウやアイラインなど）をつくっているのは日本では数社だけ。当社も、ネイルや鉛筆タイプ、それから目に対しての影響を考慮しなければならないマスカラは投資コストがかかるのでやっていません。メイクアップ化粧品のOEMは、各社によってこれはできるけどこれはできない、というのがはっきりしていますね」

マスカラに強い会社、ペンシルタイプや筆ペンタイプのアイテムに強い会社、口紅に強い会社という具合にある程度棲み分けされているのがメイクアップ化粧品の世界なのです。

B社が一番得意としているのはファンデーション。中でも、リキッドファンデーションの技術は高く評価されています。社長のお話によれば、リキッドファンデーションは2日もあれば完成できるといいますが、その道のりは実に険しいものでした。

いかに軽さを実現するか

リキッドファンデーションをつくるには、まず顔料から色をつくらなければなりません。ファンデーションのラインナップは一般的に5色～6色でしょうか。これだけの色の粉を溶媒を使ってペースト状にし、水と油で乳化します。

リキッドファンデーションは撥水性が必要なので、構造的には水を油で包み込む形になります。が、これが非常に難しい。水と油はそもそも比重が異なり、本来であれば混ざり合いません。比重でいえば、水は油よりも重く、粉は水よりもさらに重い。油を水で包み込むほうが技術的には遙かに易しいのです。社長はいいます。

「今の女性はファンデーションの軽さを重視します。なかが油だと付けたときに閉塞感がありますが、水を油で包めば、油なのに水っぽくてさらっとした仕上がりを実現できるのです。もちろん、水と油は必ずいつか分離してしまうのですが、私たちはできるだけ持ちをよくして仕上げたい。本当はコールドクリームや歯磨きみたいに重く仕上げることができれば分離はしないんですけどね」

その技術力の高さがよくわかるのが、4年前に手掛けたムース状のファンデーションです。触ってみると誰もが驚くに違いありません。お菓子のムースのような手触りで、油なのに肌に付けるとサラサラになる。べたつき感はありません。

このファンデーションは一度に20kg未満しか製造できず、非常に高コストのため、大量につくってコストを下げたい大手メーカーからは発売されていません。そのため、あまり消費者には広く知れ渡ってはいませんが、一部のブランドからの反響は非常に高いとのこと。熱心なファンが付いているブランドであればこうした商品をラインナップに揃えることも可能でしょう。

職人技が要求される色の調整

B社の社長は、メイクアップ化粧品をつくる上でもっとも難しいのは色の調整だと強調します。

「メイクアップ化粧品はどれも顔料から色をつくりますが、この色は計算では導き出せない。色差計（センサーで主に色差を計測する色彩計）を使っても、色は毎回違うのです。以前に納入した化粧品の再オーダーが来るとしましょう。再現は口でいうほど簡単ではありません。もともとの顔料の色が違うし、ロットによっても色は違ってくる。これはもうセンスの問題で、訓練して身に付くようなものではないんです。職人技の世界ですね」

品質や使い勝手にこだわる日本の消費者は、色についても非常に厳しいため、日本の化粧品メーカーがＯＥＭに出すリクエストも実にシビアです。海外の化粧品メーカーの場合、色見本がそもそも現品と違っていることも多く、ロットによる色ぶれについてはほとんど気にしませんが、日本のメーカーは要求水準がきわめて高く、しかも細かいのです。

「ファンデーションは顔料0・01%の違いで色が微妙に異なってしまいます。パール剤の入ったグロスも難しい商材ですね。光の角度によって色が変わってしまうため、評価しづらい。色を調整するだけで2週間以上かかることはざらです」

最近のメイクアップ化粧品には、スキンケア要素も求められています。UV機能のある口紅やグロス、美容液効果のあるファンデーション……。複合多機能なニーズはとどまるところを知りません。

「化粧にかける時間を減らしたいというニーズも強いですね。それが象徴的に現れたのがBBクリームではないでしょうか。逆説的なことを求められることも多いですね。しっとりしているのに付けるとサラサラとか、ナチュラルな仕上がりなのにシミもシワも隠してくれるとか」


尽きることのない女性のニーズを受けてB社のスタッフは今日も開発に余念がありません。これまで手掛けてきた化粧品のなかには、宝石の商社から依頼を受けてつくった宝石の粉末入りのグロスというユニークなアイテムもあるとのこと。こうした難題にも答えを出すのがOEMなのです。

ちなみに、B社はロット300個から内容物の製造を受託しています。ただし、容器については3000個からの扱いになります。内容物と違って、メイクアップ化粧品の容器は注文を受けてすぐつくるというわけにはいかないからです。

シンプルな容器にラベルを貼っただけで済ませるのであれば300個からの注文も可能ですが、こうした素っ気ない容器はスキンケア化粧品ならともかく、メイクアップ化粧品には通用しません。プラスチックの白い容器にラベルが貼られただけのファンデーションや口紅を女性は使う気になるでしょうか。メイクアップ化粧品に関しては、容器のロットは3000個から、1個当たりのコストは200円からと覚えておきましょう。

【化粧品材料の商社　マツモト交商】

化粧品原料に関してトータルでサポート

次にご登場いただくのはOEMではなく、化粧品原料を扱う総合商社マツモト交商（東京都中央区）です。

あなたは化粧品原料と聞いて何をイメージしますか。美容成分に関心が高い女性ならコラーゲン、ヒアルロン酸、セラミドといった単語がすらすらと出てくるかもしれません。しかし、これらは化粧品原料のほんの一部。原料の種類は多岐にわたり、新しく開発されるものも多いため、その数は年々増える一方です。

国産だけでなく海外から輸入される原料もたくさんあります。海外品で多いのは、フランスやスイス。そのほかスウェーデンやドイツなどヨーロッパ産のもの。マツモト交商は、こうした国内外の多種多様な化粧品原料を扱っている専門商社です。

商社といっても、ただ単に右から左へと原料を流しているわけではありません。マツモト交商では、エンドユーザー（女性）の志向やマーケットのトレンドを踏まえながら、国内外の高付加価値な化粧品原料を提供し、処方研究体制も充実させています。

処方研究体制というのは、原料を紹介するために「こういう使い方ができますよ」「こんな風に活用してみてはいかがですか」と提案するためのシステムです。同社の顧客である化粧品メーカーやOEMが最終商品になったときのイメージをある程度つかめるように処方も組んでいるわけです。

また、「この原料を使いたいけれどデータを取りたい」「安全性をデータで確認したい」という顧客の要望に応えて、安全性データを代行して取ったり、自社研究室の評価機器で効果を測定したり、また処方に関するセミナーを開催するなど、幅広いサポート活動を展開しています。

顧客視点で作成した機能性原料のコンセプトシート

ときには、マーケティングアイデアまで提供し、化粧品原料に関してトータルで顧客をサポートしているマツモト交商も、以前は化粧品原料のバルクを右から左へと動かす、いわゆる問屋機能だけに専念していました。

それが変わったのは10年ほど前のことです。

「マージンも薄く、利益体質もよくない。このままでは立ち行かなくなると危機感を感じ、思い切ったインフラ整備を行ないました。お客様からは次から次へと高いハードルを課されますからね。これに応えて、他社がやらないことをどんどん行動に移していこうと、これまでにない試みに取り組んできました」

こう話すのは、同社の薬粧部部長です。

同社が着手した前例がない試み。そのひとつがコンセプトシートです。商社が原料を顧客に紹介する場合、原料メーカーが用意した資料を提示するのが一般的です。しかし、これではお客様本位の情報提供とはいえません。女性のニーズに合った化粧品をつくりたい化粧品メーカーやOEMが求めているのは、メーカーごとの情報ではなく、つくりたい化粧品にふさわしい原料だからです。

まずは原料ありき。マツモト交商は扱い商品を利用者視点でまとめ直そうと、200種類以上もの機能性化粧品原料をコンセプトごとに分類したユニークなカタログを作成し、Web上でも公開に踏み切りました。美白原料、抗ニキビ原料、抗シワ原料、抗炎症原料、保湿成分など機能別に分けられ、それぞれに該当する原料のコンセプトや効果・効能が1枚のコンセプトシートに図表やイラストをまじえてわかりやすく紹介されています。

変化があまりない基材（化粧品をつくるベースとなる材料）や増粘剤、油剤と比べて、機能性原料の世界は日進月歩。そのため、同社ではコンセプトシートを年に一度アップデートしています。

美白化粧品をつくりたいけれど、何か新しい原料を探している、医薬部外品に使用できる原料がほしい、エコサート（フランスのオーガニックコスメ認証機関、オーガニックコスメの世界基準といわれている）の認証のある原料はないか——。こうした要望も、コンセプトシートを使えば探しやすく、各成分の特徴や機能も具体的に確認できます。「この原料についてもっと知りたい」とリクエストされた時点で、同社ではさらに詳しい情報を顧客に提供しています。

「原料はもともとカテゴリー分けされていますが、研究者視点で書かれており、わかりにくい表現が多いのです。たとえば『抗炎症』という言葉があれば、それをいかに消費者に近い言葉に置き換えることができるか。これは日々の課題ですね」（薬粧部部長）

最初から詳細なデータや情報がみっちりと詰まった資料を見せられては、判断が付きにくいものです。化粧品づくりのプロであっても同様でしょう。機能性原料の情報をシンプルかつわかりやすくまとめ直したコンセプトシートは、「日々増えていく原料のなかからできるだけ迅速に自分たちの条件に合う原料を見つけ出したい」という切なる顧客ニーズに応えた化粧品原料探しの頼もしい道しるべといったら大げさでしょうか。

メーカーとOEMを結び付けるコーディネーターの役割も

「この原料はウチだけが独占的に使用したい」という顧客の要望に、マツモト交商ではどのように応えているのでしょう。

薬粧部薬粧課マーケティングマネージャーは次のように話します。

「エクスクルーシブに扱いたいという場合、原料のサプライヤーから『年間どれだけコミットできるのか』とかなりの量を要求されます。これは特に外資系に顕著に見られる傾向で、このハードルを越えるのはかなり難しい。しかし、いくつかの異なった個性の原料を組み合わせることで、よそにはない新しい原料ベースを実現させることもできるんです。さまざまな可能性を探って、『御社のみ』『日本初』の原料（コンプレックス）を送り出すことは不可能ではありません」


マツモト交商が今、力を入れているジャンルを紹介しましょう。

サンケアビジネスです。生活者のニーズに合った、感触がよくSPFの高いサンケア商品を実現するため、各種原料の特長を生かした処方提案を行なうとともに、同社では社内ラボにSPFアナライザーという専用の装置を設置し、専任の測定士を置いて、サンケア商品を正しく評価できる体制を整えています。

ヘアケアもかねてから強い分野。ベースとなる材料を30年以上も扱ってきた歴史とノウハウを武器に、化粧品メーカーとOEMをうまく結び付けながら、プラスαの機能を持った新しいヘアケア製品の誕生に貢献しています。

このように、マツモト交商は原料商社というよりも、原料を中心にしたコーディネーターという表現がふさわしいでしょう。同社のサポートや働きかけのもと、これからどんな面白い組合わせが生まれるのか、興味は尽きません。

Chapter 3

「容器」コンシャスがブランド力を高める

容器の役割とは何か

最初に、化粧品の容器の種類をあげてみましょう。

- プラスティック容器（ボトル・ジャー・チューブ）
- ガラスボトル（ボトル・ジャー）
- スプレー缶（アルミ製）
- 詰め替え用アルミパック・パウチ（アルミ製）

それぞれメーカーが異なり、プラスティック容器は樹脂メーカーが、ガラスボトルはガラス容器メーカーが、スプレー缶はスプレー缶メーカーから調達するのが一般的です。

こうした容器が果たす基本的役割とは主に以下の2つです。

- 物理的に中の化粧品を守る
- 化粧品の変質を防ぐ

ちょっとした動きや衝撃で割れてしまったり、なかの化粧品が漏れてしまうような容器は論外です。また、どんなに頑丈であっても、化粧品が容易に変質してしまうような材質では、化粧品容器としてはＮＧ。化粧品の容器に求められる機能とは、何よりもまず内部の化粧品を守り、品質を維持することにほかなりません。

もうひとつ、忘れてはならない大切な役割があります。

▣商品コンセプトをアピールする

容器に入った化粧品のコンセプトをターゲットに強く訴えかける力。これも容器が果たす重要な役割です。化粧品はまず手に取ってもらわなければ始まらないからです。美白やエイジングケアといったコンセプトは、目に見えません。化粧水や美容液自体は外見的にはほかの商品と大きな違いはなく、差別化を図ることは難しい。キャッチコピーも重要ですが、商品の第一印象を決めるのは外観です。視覚的な要素は、文字が発する情報よりもインパクトが強いのです。

アイキャッチャーとなって生活者の目を引き、コンセプトを彼女たちに伝える役割を果たしているのが容器です。

想像してみてください。もし、美白に効果的とされる化粧品が味気ないボトルに入っていたら……。使用するときに、期待していた美白効果が感じられない気がしませんか。

ファッション感度の高いメイクアップアーティストが開発したアイシャドウが、ファッションという言葉とは縁がないような、味も素っ気もない容器に入っていたらどうでしょうか。オシャレな気分にひたることはできませんね。逆に、容器が素敵であれば、化粧をする時間まで楽しくなるのではないでしょうか。

わくわくとした気持ちを与えるツール

容器と同じように、パッケージ（外側の箱）が果たす役割も図り知れません。美しいボトルも、洗練されたジャー（平口瓶）も、貧相なパッケージに包まれた途端、せっかくの魅力が色あせてしまいます。その逆もあり得るでしょう。パッケージだけゴージャスに仕上がっていても、内容物を入れる容器が美しくないものであったら、がっかりしないでしょうか。

このように、容器やパッケージは非常に重要な存在です。物理的に化粧品を守ることは必要条件。その上で、化粧品のコンセプトを生活者に伝え、わくわくとした気持ちを持たれるツールでなくてはなりません。高い効果をうたい、ファッション性の高い化粧品であればあるほど、送り届けたい効果やコンセプトがはっきりしている化粧品であるほど、化粧品を包む容器とパッケージに気を配り、中身のコンセプトに合致した外見を伴わせる必要があるのです。

このボトルを手に取るとなんだか元気が出てくる、きれいになろうと前向きになれる。その逆に、いつものこの容器でなければなんだか楽しくない、気分が高揚しない。ここまで思わせるリレーションシップが容器と使用する女性の間に結ばれていればもう完璧。そんな化粧品は強い。浮気しないファンを獲得できている証拠です。

意外性のある組み合わせも効果大

仕事柄、百貨店などに行くと、どうしても化粧品の容器に目が行ってしまいます。いえ、化粧品だけでなくお菓子の容器やラッピングにも強い関心を持っていますが、資生堂の「ＨＡＫＵ」の容器には目を奪われました。美白をテーマに開発されたスキンケア化粧品ブランドです。コピーを以下に引用してみましょう。

「資生堂のシミ予防研究の総力を結集、『抗メラノ機能体』を配合した、最新のＨＡＫＵ、登場」

「総力結集」という表現といい、ネーミング、コピーといい、資生堂の力の入れようが伝わってきますが、この「ＨＡＫＵ」は白い容器に入っています。美白系の化粧品ですから、容器に「白」を選ぶのは、当然といえば当然。あまり意外性はありません。

ところが、この「ＨＡＫＵ」の中心アイテムである美容液「メラノフォーカスＷ」は、キャップを開けると、裏側が黒いのです。真っ白と真っ黒。この組み合わせにはびっくりしました。「黒いもの（シミ）を白くできる」というメッセージを強く感じずにはいられません。一度見たら忘れられない印象度の高い容器であり、コンセプト発信力に優れた容器です。

インパクトの強い容器といえば、カネボウの化粧品「ブランシール」も忘れられません。「ＨＡＫＵ」同様、美白系のスキンケアブランドですが、こちらが採用しているのは赤い容器。白い容器が一般的な美白化粧品のジャンルで、あえて赤を採用したカネボウの試みは大成功し、「ブランシール」は大ヒットを記録。今も売れ続け、ロングセラーアイテムの仲間入りをしました。

女性の間では、「赤い美白」が「ブランシール」の代名詞となっています。おそらく、カネボウは美白の「白」よりも、容器としての斬新さやインパクト、原料素材「火棘（カキョク）」の赤い色が持つ訴求力の高さに注目し、この色を採用したのでしょう。その読みが当たったのです。

このように、コンセプトからイメージされる色を素直に容器に採用する方法もあれば、あえてコンセプトとは真逆の色を使って、意外性を高め、ブランド名を女性の心に刻み込む方法もあります。どちらが正解でもない。どちらもあり、です。

豊富なバリエーションから「ベター」を探す

容器やパッケージについては、容器メーカーから直接商品を仕入れる、あるいはディーラーを通して仕入れるという2つの方法があります。

オリジナリティを追求しようと、一から容器の金型を起こし、オーダーメイドの容器をつくることもできますが、贅を尽くしてこだわるほど、費用は膨らんでいきます。パッケージについても同様です。予算に限りがある以上、こだわりにも限界があるのです。

幸いなことに、幅広いバリエーションの既製品を揃えて、独自のアイデアと技術でオリジナリティを演出できる容器を提供しているメーカーがたくさんあります。豊富なバリエーションのなかから、あなたが立ち上げるブランドにふさわしい容器やパッケージを選ぶことが可能なのです。

逆に、あまりのラインナップの多さに何を選んでいいのか、皆目検討が付かないという場合もあるでしょう。メニューが多すぎるレストランでは注文に苦労しますね。同様に化粧品ビジネスや容器に詳しくないと、迷うのはある意味、当たり前です。

こんなときには、原点に立ち帰ること。この一点に尽きます。

- 化粧品の一番の特徴は何ですか
- コンセプトは何ですか
- どういった女性をターゲットにしていますか
- 女性にどのようなライフスタイルを提供したいと考えていますか

コンセプトワークの本質に、いま一度目を向けてみましょう。どんな容器ならふさわしいか、化粧品が求めているのはどんな容器なのか。自問自答してみましょう。これなら化粧品と相性がよい、このパッケージならば化粧品を魅力的に見せてくれる。そう思える製品を選ぶことです。

ただし、予算がある以上、ベストを追求するのは現実的には不可能。迷ったら、ベストではなくベターを探し出すことがビジネスでは必要です。「ベターだ」と思える範囲内で、容器やパッケージを選び、化粧品をより魅力的に演出する手だてを考えてみましょう。

容器・パッケージメーカーに聞いてみました

この項では、容器メーカーである三洋化学工業の代表取締役・井上厚弘さんにご登場いただき、化粧品の容器とはどういうものなのか、今どんな容器が出現しているのか、容器の機能や可能性についてお聞きしました。この機にぜひ容器に関して知識を深めてください。

【既製品でオリジナリティを演出　三洋化学工業】

保護する容器から愉しめる容器、そして物語る容器へ

三洋化学工業（大阪府大阪市）は、プラスティック樹脂の容器を製造しています。一部、食品用の容器も手掛けていますが、主要製品は化粧品容器。革新的なアイデアと技術で業界に新風を送り込んでいる企業です。

井上社長は、化粧品容器は第一世代から第二世代を経て、現在は第三世代に突入しているといいます。

「第一世代は、内容物の保護を目的とした容器でした。その後に生まれた第二世代の容器というのは、愉しめる容器です。見た目がきれいで飾っておきたくなる美観を備えた容器ですね。といっても、特段新しい容器ではありません。第二世代の容器は何千年もの歴史があるんですよ。

例えば、エジプトのナイル王朝時代の遺跡から発見された香水の瓶がそうですね。中身を守るだけでなく、鑑賞に堪える美粧性がある。まさに愉しめる容器です。しかし、その後、容器は長く進化しませんでした。ようやく最近になって増えてきたのが第三世代の容器。私は『物語る容器』と呼んでいます。商品の主人公である内容物の物語性をサポートする容器、容器自らがメッセージを語ることで内容物の物語性を引き上げる機能を持つ容器です。映画にたとえれば、セットや衣装だと考えています。役者にはなれないけれど、映画を見事にひき立ててくれる。これは容器の役割そのものです」

井上社長がいうように、確かにメッセージ性の高い容器を採用した化粧品が増えてきました。中身の特徴やコンセプトが伝わってくるような容器、内容物が言葉を発しているかのようにメッセージを感じ取ることのできるもの。「物語る容器」とはいい得て妙です。

逆転の発想で開発された「EUREKA」

三洋化学工業の画期的なところは、この「物語る容器」をオーダーメイドではなく、大量生産の規格品として開発した点にあります。金型を一から起こして開発するならば、メッセージ性を持たせることはそう難しくありません。予算に糸目を付けずに開発することができれば、物語性の高い容器はいくらでも実現できるでしょう。

しかし、それでは「物語る容器」の利用者は限られます。なんとか、量産できて低価格の規格品に独自性を持たせられないものか。こう考えた井上社長は、2年前に、二層になったプラスティック樹脂の間に印刷をしたフィルムを挟み込むことができるジャー（広口の容器）「EUREKA（エウレカ）」を開発しました。

「EUREKA」のフォルム自体は実にシンプル。一見、よくあるジャーですが、挟み込むフィルム次第で、メッセージ性が高まります。要するに、容器に印刷をするのではなく、印刷をしたフィルムを挟み込む。逆転の発想で開発された「EUREKA」では、容器が商品の額縁の役割を果たしています。

このフィルムは、水に強く破れにくいユポ紙を製造しているユポコーポレーションと三洋化学工業が手を組んで開発しました。選挙のときに、2つ折りにしてもすぐに開く投票用紙を見かけたことはありませんか。あれがユポ紙。両者が互いの技術を持ち寄り、共同開発して誕生したフィルムは、印刷できるだけでなく、樹脂製のため容器と一緒に廃棄できる利点もあります。

ロット3000個のデザインをすべて変えることも

従来の容器は、異素材を組み合わせることはできませんでしたが、「EUREKA」ならそれができます。精密なイラストやグラデーションなど、おおよそ紙に印刷できるデザインならすべて、そのまま容器に採用できる。つまり、オリジナリティを追求できるわけです。

「成形と同時にフィルムを挟み込むので、ロット３０００個でつくる場合には、大げさにいえば３０００種類のバリエーションも不可能ではありません。もちろん、30種類のバリエーションにして、１種類１００個で製造することもできますよ」

容器のロットは通常３０００個だと前章で述べました。それは業界平均の数字です。印刷仕様の３０００個の容器はすべて同じデザインになります。

しかし、「ＥＵＲＥＫＡ」なら、ロット３０００個でもバリエーションはひとつとは限らない。あなたが望めば10種類にも１００種類にもできるのです。

それはいい換えれば、利用者の発想が問われるということ。

「実際に、お客様にとってはデザインセンスのハードルが高い容器のようです。自分で利用方法を考えないといけませんからね。しかし、バリエーションの多さから、こちらの予想以上にさまざまな用途で利用されています。結婚式の引き出物として使われたこともありましたし、自治体施設の竣工式用として利用されたこともあった。無料配布する製品を入れる広告媒体として採用いただいたケースもあります。使い方は本当に発想次第。自由自在なんですよ。企業広告も載せられますし、ノベルティにも使える。発想の数だけお客様は存在すると考えています。次には、リキッドタイプの化粧品を入れる容器とのコラボも検討していきたいですね」

「ＥＵＲＥＫＡ」の内容量は、80cc、50cc、30ccの3タイプ。大きさとしては30ccが限界とのこと。さまざまな加飾ができ、開発者の持っているイメージを再現しやすい「ＥＵＲＥＫＡ」は、これからも容器マーケットのすそ野を広げそうです。

ドレッサーの上に置いても恥ずかしくない容器を

国内に、化粧品の容器を手掛けているメーカーは１００社～２００社あるといわれています。このうち、スキンケア化粧品用を製造しているのは数十社。数としては決して多くありません。そんな狭い業界で、「ＥＵＲＥＫＡ」を開発した三洋化学工業は異色の存在であり、革新者といっても過言ではありません。

「ＥＵＲＥＫＡ」以前にも、同社は前例のないユニークな容器をいくつも発表しています。そのひとつが２００２年にスタートした「ＭＩＳＴＹ」。「白い画用紙」をイメージして開発された容器で、印刷範囲が広く、デザインの幅が広がるのが特徴です。特にスキンケア化粧品との相性が良く、さまざまなブランドのスキンケア化粧品に利用されています。シンプルで真っ白だからこそ、いかようにもデザインできる「懐の深い」容器です。

デコレーションの幅の広い「ＡＩＬＥ（エル）」も注目されるシリーズ。キャップの内部空間にシートを封入することで、オリジナルのデコレーションを可能にしたシリーズです。ラインストーンを施したり、厚盛印刷（印刷面を特殊なインクによって厚く盛り上げる加工）にしたり、こちらも「ＥＵＲＥＫＡ」同様、発想次第で無限のバリエーションが実現できるシリーズといえるでしょう。

価格についても聞いてみました。「ＥＵＲＥＫＡ」の場合、1個100円強。「ＭＩＳＴＹ」は約100円。これは、三洋化学工業から容器を直で仕入れる場合の価格です。

三洋化学工業の容器はすべてシリーズ名が付けられていますが、これも業界では初の試みだったとか。無機質に品番で呼ばれ、区分されているのが容器の世界の常識でした。愛称を付け、「物語る容器」の開発に力を入れる井上社長から伝わってくるのは、容器によせる並々ならぬ情熱です。

「思わず手に取ってみたくなる。化粧品をそう思わせるのは、まぎれもなく容器の力です。ドレッサーの上に置いておいても恥ずかしくない。ファッションアイテムとして使いたい。そんな容器をこれからも開発していきたいですね」

単なる「内容物の保護」から、商品コンセプトを視覚化するために「物語性の演出」へと進化した化粧品容器。第四世代はどのような容器になるのでしょうか。

「使いやすく、誰にでも使えて、メンタルヘルスにつながるような容器でしょうか」と井上社長は予測します。

かつて、プラスティックの容器イコール安物というイメージがありました。しかし、この固定観念はほぼ払拭されたといえるのではないでしょうか。売り場に並ぶ化粧品を手に取ってみると、そのことがよくわかります。1万円近い化粧品もよく見れば、プラスティック樹脂製の容器入り。珍しいケースではありません。

もちろん、最高級ランクの化粧品は装飾性のきわめて高いクリスタルの素材等を採用していることが多いのですが、三洋化学工業をはじめとする容器メーカーの努力で、プラスティック素材のイメージは大幅に向上しました。個々の製品が訴えたいメッセージを忠実に再現するツールへと進化を遂げた化粧品容器。次にどんな新しい「顔」を見せてくれるのでしょうか。

【洋菓子から化粧品分野への挑戦　紙器メーカー　C社】

化粧品は、ときには容器のままで、ときには美しい箱に入って販売されています。店頭に並んでいるときにはボトルの姿であっても、実際に購入客に渡される場合には美しい化粧箱入り。そんな化粧品もたくさんあります。

この項で紹介するのは、紙でできたパッケージを製造している紙器メーカーC社です。実はC社は化粧品の紙器専門の会社ではありません。売上で一番比率が高いのは食品、しかも洋菓子です。

化粧品の箱と洋菓子の箱。共通性が多いとは思いませんか？　中身の崩れやすさでは洋菓子に軍配が上がりますが、どちらも主に女性対象で、中身だけではなく外箱の美しさ可愛らしさも要求される。流行りすたりが激しく、トレンドが生まれては消え、商品サイクルが短いマーケットであるのも同じです。

このシビアな洋菓子のマーケットで、C社はたくさんの独創的なパッケージを提供してきました。チョコレートをゴージャスに飾る箱、縦に長いユニークなショートケーキを安全にキュートに包み上げるパッケージなどなど、C社の製品は見るだけで楽しくなる要素に溢れています。

C社の一番の特徴は、紙器の一貫生産が可能なこと。紙器メーカーだからといって、すべてのメーカーが紙器をトータルでつくり上げられるわけではありません。デザインは他社にアウトソーシングしたり、一部の工程だけ、一部のパーツしか製造しないという分業型のメーカーも多いのです。

営業本部のDさんはいいます。

「デザインの提案から、紙器の構造・設計まで、すべて自社内に部門を設けています。グループ会社として、アッセンブリーの会社もあるんですよ。紙器を企画し、製造し、できた箱に中身を詰める作業すべて一貫して対応できます」

値上げをもろともしない付加価値型パッケージ

パッケージに必要な機能とは何でしょうか。

容器同様、パッケージに必要な機能は、中身を安全に包んで最終消費者の手に届けること。強度は絶対の条件です。

その上で求められるのが、できるだけ短時間で手間がかからず組み立てられることです。パッケージには組み立ての時間が必要です。C社は箱を自動で組み立てる機械も導入していますが、人的作業が必要な場合もあります。いずれにしても、組み立てに要する時間が増えれば、コストは増します。短時間で組み立てられるように、パーツの数はできるだけ抑えなければなりません。できれば、一瞬にして組み立てられるような箱がベスト。工程数は少なければ少ないほどいいのです。

発注する側からすれば、マーケットを念頭に置いた陳列効果や展示スペースを最大限に活用したい。箱に割く在庫スペースもできるだけ小さくしたい。省スペース化を図るために、できるだけ平べったい、かさばらないような形が望ましい。ただし、視覚的なデザイン効果も発揮させたい。あれこれ、さまざまな要求が日々、C社に寄せられます。コストという成約があるなかで、いかにしてこうした要求をクリアして、中身にふさわしい、中身をよりよく見せるパッケージをつくるか。ここがC社が評価されている部分なのです。

C社が手掛けた事例で、次のようなものがありました。

顧客は洋菓子メーカーで、主力商品のプリンの値上げを検討していました。C社への要望はこうです。

「プリンの値段を150円から220円に上げたい。ついては、高くなってもお客様に買ってもらえるパッケージをつくってほしい」

なんとも、わがままな要望です。詳細は企業秘密なのでここでは紹介できませんが、結果は大成功。C社がつくった可愛いパッケージは若い女性の人気を集め、プリンは値上げされたにもかかわらず、売上を伸ばしました。

チョコレートトリュフが4個入って2000円の商品パッケージを手掛けたこともあるそうです。このときは、高付加価値を訴求するために一回り大きな形とし、レザー風のデザインを開発しました。あまりに大きすぎては「上げ底」に見られてしまいます。かといって、小さすぎると2000円の価格にはふさわしくない。微妙なバランスで高級感を醸し出すパッケージは市場に受け入れられました。

値上げや高価格をお客様に納得させた最大の功労者は、もちろん商品の味ですが、C社の貢献度も見逃すことはできません。

構造と形状の落としどころが難しい

Dさんによれば、パッケージの前工程でもっとも時間がかかるのは、構造と形状なのだそうです。

「デザインについては、ある程度、お客様のイメージがまとまっていたり、自社内で手掛けるところも多いので、そう問題ではありません。しかし、構造や形状となると弊社の領域。とはいえ、ここにあまり時間をかけすぎると箱を組み立てる時間と、中身をアソートする時間が削られてしまいます。納期が決まっていますから、この落としどころが一番難しいですね」

崩れやすい洋菓子を安全に運び、組み立て時間が少なく済む容器開発のスキルやノウハウを蓄積してきたC社はいま、化粧品分野にも進出し、着々と力を発揮しています。

ところで、化粧品の製造販売には薬事法に基づく製造許可が必要、と前述しましたが、正確にいえば、その許可には2種類あります。ひとつは、包装・表示ラベル貼り付け、製品の保管作業のみを行なえる許可、もうひとつは、包装・表示・保管のほか、容器への中身の充填など、すべての製造工程を行なえる許可。

C社では、前者については取得済みです。この製造許可があれば、海外でつくられた容器に傷が付いていないか、問題はないかどうかのチェックも行なえます。発注先が海外から調達した容器をC社に送れば、化粧品を入れるにふさわしいか否かの確認ができるのです。

化粧品のパッケージは洋菓子と共通する点がたくさんありますが、もちろん違いもあります。

「化粧品には、段ボールを貼り付けただけのパッケージは使われませんね。段ボールの断面を見せない。やはり仕切り版が必要です。それから、中芯《なかしん》というんですが、内部を白い波状の段ボールで保護する方法が化粧品では多いようです。化粧品の売上比率はまだ低いのですが、今後も力を入れていく方針です」とDさん。

C社では、表面加工を施したデザイン性の高いパッケージ実績を豊富に持っています。これは、C社の印刷機でしかできない加工なのだとか。

ケーキや焼き菓子、チョコレートといった嗜好品に付加価値付けをして、スイーツを前にした女性のわくわくとした気分を演出してきたC社のパッケージ開発力は、化粧品の世界においても同様の力を発揮しそうです。

Chapter 4

商品開発のプロに聞け！

商品開発プロデュース業とは？

Part2 Chapter1では、コンセプトワークについて取り上げました。ターゲットを明確にし、ターゲットのライフスタイルも具体化し、どのような商品をどのような形で販売していくのかを形にしていきましょうとお伝えしました。この章では、フレグランスやスキンケア商品開発プロデュースを手掛けている私の役割や機能についてお話ししたいと思います。

「商品開発プロデューサー」と聞いて何をイメージされますか？　商品開発プロデューサーの役割とは、企画の段階から完成に至るまでのさまざまな局面で、商品開発を外からサポートし、補強していくことです。化粧品製造を請け負うのが化粧品OEMだとすれば、私は商品開発のOEM。コンセプト構築からOEMの選定、そして処方や容器・パッケージの選定に至るまで関わって、化粧品を実際に形にしていく仕事です。

コンセプトワークの前には、取りかからなければならない大切な作業があります。

それはパートナーとなる方、今この本を読んでいらっしゃるあなたのプロジェクトチームの「不足している機能」の確認です。私に依頼されるクライアントのうち、ゼロから化粧品事業に参入しようという方はほとんどいません。別事業で扱っている素材を化粧品に活用したいと考えている製造業、化粧品を品揃えに加えることを検討中の雑貨ショップ、強固な販売ネットワークを持っているので、そのルートに乗せられる新規商品として化粧品を考えている下着の会社、自分のブランド名を冠したヘアケア製品を販売し、知名度を上げたい美容師さん等など、みな、化粧品ビジネスにつながるなにがしかの種、材料を持っています。

お金がうなるほど余っているから化粧品事業でも立ち上げるか、化粧品とは縁もゆかりもないし、販売ルートもないけれど、化粧品ビジネスで一儲けしたいというケースは皆無です。化粧品の立ち上げを考えるということは、現在、どこかで化粧品との接点があるということ。その接点は、技術的なものかもしれません。素材かもしれません。扱い商品やターゲットかもしれないし、販売ルートかもしれません。いずれにしても、必ずどこかで化粧品と接点がある。つまり、化粧品ビジネスに活用できそうな強みがある。この本を手にしたあなたも同じではないでしょうか。みな、手持ちの「何か」を化粧品に生かしたい、生かせたらと考えています。

こうした強みを確認し、明確にしていくのが私の最初の仕事ですが、実は強みについては、みなさんある程度自覚されています。問題は、不足している部分を自覚できていないことです。

例えば、「ウチは、下着の販売ネットワークがしっかりあるから、ここに化粧品を乗せれば、うまくいくのではないか」

このように、ほとんどの方は強みについてはよく把握されています。

ところが、不足していて補強しなければならない部分については意外なほど自覚していない。把握できていません。販売ルートがあるから化粧品をつくりさえすればうまくいく、化粧品に利用できそうな素材に心当たりがあるから、とにかく早く化粧品をつくりたい。

このように、強みに力点を置きすぎて、化粧品を製造販売していく上で、自分たちには何が足りないのか、何を補強すべきなのか、何から着手していけばいいのかという「不足部分」を自覚していないケースがよく見受けられます。

「販売ルートについてはこれから考えます」というケースならまだしも、「販売については露ほども考えていなかった」というケースもあるのです。不足部分が、頭からすっぽりと消えてしまっているわけです。

私の役割は、ヒアリングを通して、足りない部分を浮き彫りにすること。そして、顧客に自覚してもらうことです。強みと不足部分がはっきりすれば、どこを補強すればいいのかがつかめます。早い段階で弱点をカバーできる方法を探すことができます。また、持っている強みをさらに伸ばす方法も考えられるでしょう。
しかし、現状を知らなければ何も始まりません。化粧品ビジネスを始める上で絶対に不可欠なビジネスモデルの「棚卸し作業」と補強点をサポートするのがプロデューサーの主な役割なのです。

コンセプト構築の鍵は5W1H

強みの確認と同じように、私が重視しているのが基本の「5W1H」の確認です。

5W
Who（誰に）
Why（なぜ＝どうして化粧品ビジネスを始めるのか）
What（何を＝どんな化粧品を）
When（いつ＝販売時期とこれからのビジョン）
Where（どこで＝チャネル）
1H
How（どのように＝販売方法やPR）

「Ｗｈｙ」の部分については、少し補足が必要でしょう。

なぜ化粧品事業を立ち上げるのか、化粧品をつくって売ることがその会社にとってどのような意味を持つのか。目的は単なるお金儲けなのか、それとも社会貢献なのか、両方なのか。スタンスをはっきりさせるということです。

また、「Ｗｈｅｎ」については、販売開始時期のみならず、1年後、3年後、5年後の短期中期のビジョン策定も欠かせません。その内容によっては価格設定も、処方さえも変わってくるからです。

化粧品事業計画はつくったら終わり、販売を開始したらもういらない、ではありません。つくって売り出した後の道筋も考えておかなければなりません。販売チャネルをどう広げていくのか、プロモーションはどのように展開していくのか。中期ビジョンを描く必要もあります。その部分のサポートも私の重要な任務です。

容器やＰＲ案も同時進行

こうした事業全体の棚卸し作業の後、ようやくコンセプトワークに入ります。

コンセプトワークと併行して、製造方法を決定しますが、異業種参入の場合、ほぼＯＥＭを使うことになるので、得意分野や各社の企業カラーなどを考慮しながら、パートナー工場の選定作業に移ります。なぜ並行して行なうのかといえば、OEMを選定するなかで、OEM側から提案があれば、それをコンセプトに反映させることができるからです。研究開発能力や、マーケットリサーチ力に長けたOEMをパートナーとする利点の最大活用がスタートです。彼らから有効な提案をもらうことは非常に多く、提案を受けてコンセプトをブラッシュアップし、化粧品の処方に生かした例はこれまでにも多数あります。

容器やパッケージについてもコンセプトワークと同時に行ないます。これらもまたコンセプトの重要な要素だからです。

同様のことがPRや販促ツールにおいてもいえます。生活者にその化粧品を購入してもらうためには、どんなPRが有効なのかを検討した上で実施しなければ効果が薄れてしまいます。

女性誌をよく読み、美容情報のチェックに余念がない女性を想定しているのであれば、そうした雑誌にアピールしたいところです。できれば美容ジャーナリストや美容ライターに取り上げてもらうのが一番です。ネットでモニターを募るという方法も考えられます。すでに販売ネットワークがある会社ならば、外部に告知するよりも、新たな商材である化粧品への購買意欲を高めるためのツールに重きを置くほうがよい場合があります。サンプル配布がいいのか、プレゼント企画を実施し募集をかけるのがいいのか。さまざまな方法が考えられるでしょう。

このように、コンセプトワークと同時に進めなければならない作業は山ほどあります。

そのいずれもがコンセプトからズレないようにスケジュールとともに目を配っていく。これもまたプロデューサーとしての役割といえます。

レアメタル商社の化粧品ブランドをプロデュース

クライアントから依頼を受けて化粧品のプロデュースを行なう立場として、これまでずいぶん多くのブランドに携わってきました。大手メーカーあり、中小メーカーの新ブランドあり。異業種参入組も数多くプロデュースしてきました。守秘義務があるため、どこのブランドを開発しましたとは公表できないのが残念ですが、クライアントの許可を得たブランドの立ち上げ事例を支障がない範囲でご紹介しましょう。

2008年にスタートしたスキンケア化粧品ブランド・オリレワの事例です。

オリレワを立ち上げたのはレアメタル商社のアマックス（静岡県浜松市）。携帯電話や液晶テレビなど最先端のIT機器に欠かせないインジウムやシリコンを扱う商社と化粧品というあまりにかけはなれた組み合わせですが、アマックスの社長・森憲一さんは真剣でした。

きっかけは、森さんがレアメタルの取り引きでアフリカを訪れた際でした。取引先から森さんはこんな打診をされたとか。

「シアバターを使ったビジネスを日本で展開できないだろうか」

シアバターとは、アフリカ原産のシアの木から採れる天然の植物性油脂。保湿力が高いため、乾燥した空気から肌を守るために現地の女性が1000年以上も使い続けてきました。化粧品とは縁もゆかりもなかった森さんは、この打診に最初はびっくりしたそうですが、シアバターを有効活用できれば現地の雇用にもつながり、地元社会に貢献できる。そう考えてリサーチを開始しました。

私がこの事業に携わったのは、アマックスの女性スタッフから私のホームページを通して依頼を受けたからです。森さんとともに、私たちはシアバターを使った化粧品の可能性を探りました。

同種の原料を訴求した化粧品にはすでにフランスのロクシタンがあり、大成功を収めています。しかし、リサーチをし、業界の専門家にも話を聞いた上で、森さんはチャンスはあると判断しました。シアバターは食品にも使える安全性の高い素材です。日本女性が重視する高い保湿力もある。フェアトレードで仕入れた純正アフリカ産を使用すれば、エシカル（道徳的）な化粧品として訴求できる。既存のシアバター製品にはない個性を打ち出せばチャンスはあるに違いない。こうして、化粧品事業が本格的にスタートしました。

私たちが目指したのは「人工的なストレスを受けていない肌は本来美しい」という視点

に立ったブランドです。化粧品が肌に与えるリスクをできる限り減らすために、より厳しい安全基準でふるいにかけた原料を使い、必要最低限のケアで済むスキンケア化粧品を追求しました。

諸刃の刃だったシアバター

オリレワのメインの材料はもちろんシアバターですが、実はこの材料を化粧品に生かす工程が一番の難関でした。シアバターは保湿力の高い天然油脂です。しかし、油分そのものなので、肌に乗せるとどうしてもてかってしまいます。諸刃の刃の材料なのです。日本人はべたつきを嫌い、さらさらとしたテクスチャーを好みます。ボディケアだけでなく顔にもシアバターを使ってもらうには、このべたつきをなんとか改良しなければなりません。

改良は試行錯誤の連続でした。人間だけでなく犬がなめても問題がないようにと、安心・安全を徹底的に追求。心地よい香りを実現しようと、南フランスの天然100%のバラ中心の香料を使用したため、コストがかさみ、価格設定にも苦労しました。

さまざまな難問をクリアし、安全性、保湿力、安心、そしてエシカルといったキーワードを踏まえてオリレワは完成に至ります。懸念していたべたつきも改善し、使いやすい使用感となりました。

オリレワのラインナップは、シアバターをふんだんに用いた石けん（朝用・夜用の2種）と化粧水、顔から手足まで全身用のソフトバーム、UVケア2種。商品点数を絞り込み、ネットでの販売をスタートしたところ、確かなファンが定着し、リピート購入率は60％以上にもおよんでいます。業界平均はよくて20％ですから、3倍ものリピート率をあげているわけです。

「ほれ込める原料があれば、その原料に立脚した事業をどんどん手掛けていきたい」と森さんはいいます。実際、アマックスは化粧品にとどまらず、どんどん新規事業を拡張しています。

このオリレワのケースを通して、素材の扱い方の難しさを改めて痛感しました。化粧品に向いてはいるように見えても、化粧品として利用した場合、必ずしもスムーズに運ぶとは限りません。

大切なのは諦めないこと、そしてコンセプトを守り抜くことです。自分はこうした化粧品をつくりたいんだという強い意志のもと、試作を繰り返し、商品を完成すれば、軸足がぶれない化粧品が誕生します。やはり化粧品開発にはプロジェクトリーダーの意志と覚悟が欠かせません。

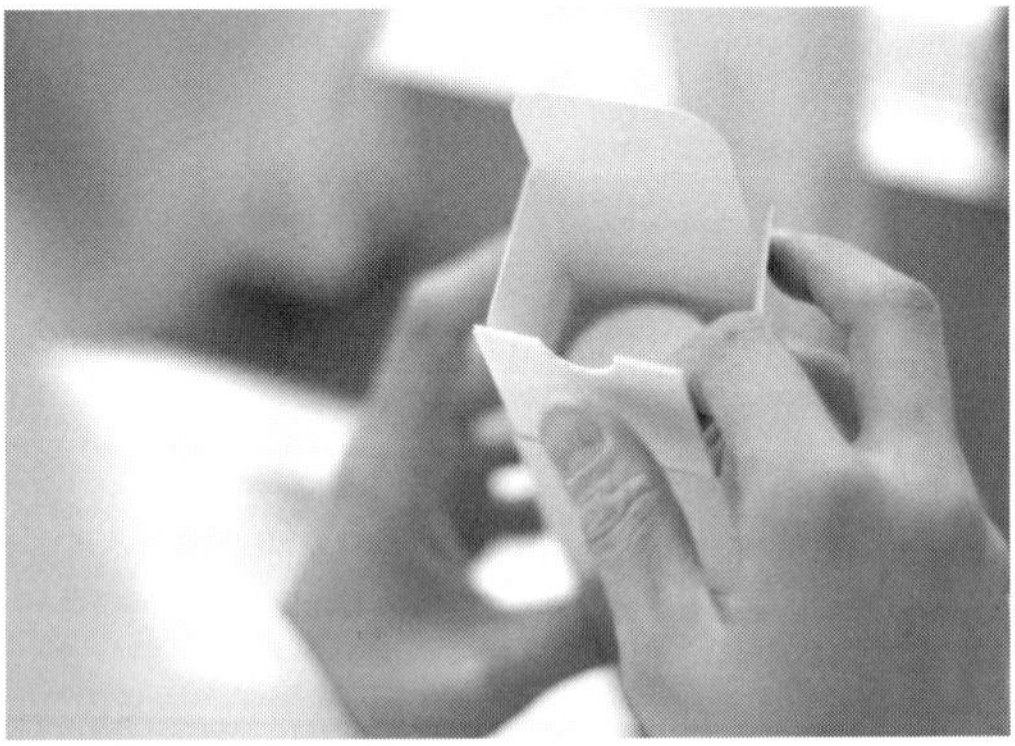

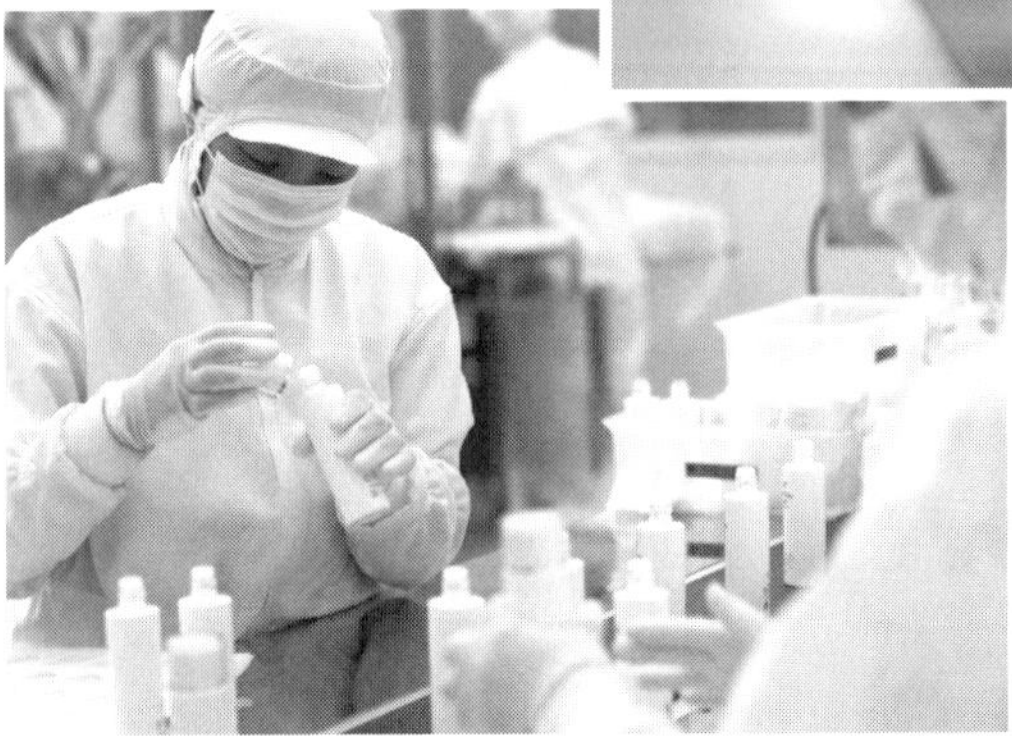

Chapter 5

薬事法をクリアするには

化粧品の定義

化粧品を製造販売する上での大きな難関＝薬事法を乗り越えるには、まず薬事法を知らなくてはなりません。たとえOEMに製造を依頼し、薬事申請等の手続きを代行してもらうにせよ、化粧品ビジネスを立ち上げる以上、主体者として薬事法に関する正しい知識は持っておきたい。難しい言葉もたくさん登場しますが、ここはがんばって薬事法を頭に叩き込んでください。

まず、化粧品の定義から説明しましょう。薬事法では次のように定義されています。

「化粧品」とは、人の身体を清潔にし、美化し、魅力を増し、容貌を変え、又は皮膚若しくは毛髪を健やかに保つために、身体に塗擦、散布そのほかこれらに類似する方法で使用されることが目的とされている物で、人体に対する作用が緩和なものをいう。

ただし、これらの使用目的のほかに、第一項第二号又は第三号に規定する用途（※1）に使用されることも併せて目的とされている物及び医薬部外品を除く。

（※1疾病の診断、治療又は予防など医薬品的な用途のこと）

主な該当商品：石けん、歯磨き剤、シャンプー、リンス、スキンケア用品、メイクアップ用品など顔はもちろん、身体に使用し、人体に対する作用が緩やかなモノはすべて化粧品だということです。73ページでも述べましたが、同じ石けんでも使用目的が「洗濯」ならば、化粧品ではなく雑貨となります。使用目的が違えば、薬事法の網にはかからないということです。

緩和な作用ってどんな作用？

では、化粧品の定義にある「人体に対する作用が緩和」とはどの程度の作用を指すのでしょう。これもきちんと定められています。化粧品についての効能効果の表現範囲は次ページの表の通りです。

表を見るとわかるように、きわめておとなしい表現が並んでいますね。「肌を白くする」とか「シミを薄くする」という表現は皆無。そう、これこそが「緩和な作用」。肌を保護し、正常なコンディションへと導く作用だと考えてください。

▦ 化粧品の表現 ▦

1 頭皮、毛髪を清浄にする
2 香りにより毛髪、頭皮の不快臭を抑える
3 頭皮、毛髪をすこやかに保つ
4 毛髪にはり、こしを与える
5 頭皮、毛髪にうるおいを与える
6 頭皮、毛髪のうるおいを保つ
7 毛髪をしなやかにする
8 クシどおりをよくする
9 毛髪のつやを保つ
10 毛髪につやを与える
11 フケ、カユミがとれる
12 フケ、カユミを抑える
13 毛髪の水分、油分を補い保つ
14 裂毛、切毛、枝毛を防ぐ
15 髪型を整え、保持する
16 毛髪の帯電を防止する
17（汚れを落とすことにより）皮膚を清浄にする
18（洗浄により）ニキビ、あせもを防ぐ（洗顔料）
19 肌を整える
20 肌のキメを整える
21 皮膚をすこやかに保つ
22 肌荒れを防ぐ
23 肌をひきしめる
24 皮膚にうるおいを与える
25 皮膚の水分、油分を補い保つ
26 皮膚の柔軟性を保つ
27 皮膚を保護する
28 皮膚の乾燥を防ぐ
29 肌を柔らげる
30 肌にはりを与える
31 肌にツヤを与える
32 肌を滑らかにする
33 ひげを剃りやすくする
34 ひげ剃り後の肌を整える
35 あせもを防ぐ（打粉）
36 日やけを防ぐ
37 日やけによるシミ、ソバカスを防ぐ
38 芳香を与える
39 爪を保護する
40 爪をすこやかに保つ
41 爪にうるおいを与える
42 口唇の荒れを防ぐ
43 口唇のキメを整える
44 口唇にうるおいを与える
45 口唇をすこやかにする
46 口唇を保護する。口唇の乾燥を防ぐ
47 口唇の乾燥によるカサツキを防ぐ
48 口唇を滑らかにする
49 ムシ歯を防ぐ（使用時にブラッシングを行なう歯磨き類）
50 歯を白くする（使用時にブラッシングを行なう歯磨き類）
51 歯垢を除去する（使用時にブラッシングを行なう歯磨き類）
52 口中を浄化する（歯磨き類）
53 口臭を防ぐ（歯磨き類）
54 歯のやにを取る（使用時にブラッシングを行なう歯磨き類）
55 歯石の沈着を防ぐ（使用時にブラッシングを行なう歯磨き類）

医薬部外品とは何か

化粧品の定義には「医薬部外品を除く」という気になる一節があります。この「医薬部外品」がいわゆる薬用化粧品のこと。女性ならよくご存じでしょう。誰もが、一般の化粧品よりも「効果がありそう」と期待していますが、薬事法での定義をまとめるとこのようになります。

次の各号に掲げることが目的とされており、かつ、人体に対する作用が緩和なものであって機械器具でないもの及びこれらに準ずる物で厚生労働大臣の指定するものをいう。ただし、これらの使用目的のほかに、前項（医薬品の定義）第二号又は第三号に規定する用途に使用されることもあわせて目的とされている物を除く。

1. 吐きけそのほかの不快感又は口臭若しくは体臭の防止
2. あせも、ただれ等の防止
3. 脱毛の防止、育毛又は除毛
4. 人又は動物の保健のためにするねずみ、はえ、蚊、のみ等防除

主な該当商品：薬用歯磨き剤、制汗スプレー、薬用クリーム、ベビーパウダー、育毛剤、染毛剤、薬用化粧品、薬用石けんなど

非常に難解な表現ですね。わかりやすくいうならば、医薬部外品とは医薬品ではないけれど、医薬品に準ずるもの。医薬品と同じように効果・効能が認められた成分は配合されていますが、医薬品は「治す」ことを主な目的としているのに対し、医薬部外品は主に「予防」に重点が置かれています。医薬部外品は「作用が緩和」であることが求められますが、医薬品は「作用が緩和」である必要はありません。

次に、化粧品と医薬部外品との表現の違いを具体例をあげて紹介しましょう。

石けんなら、化粧品に認められている効果は「皮膚を清浄にすること」ですが、医薬部外品であれば、この効果に加えて「皮膚の殺菌、消毒」も認められます。化粧水の場合は、化粧品に認められている効果は「肌のきめを整える、肌をひきしめる、肌を柔らげる」程度ですが、医薬部外品になると、さらに「にきびを防ぐ、メラニン色素生成を抑えることにより日焼けによるしみ・そばかすを防ぐ」も効果として加わります。

「しみを薄くする」という効果ではなく、「しみ・そばかすを防ぐ」という表現に要注目。医薬部外品といえども、うたうことが許される効果はここまでなのです。もちろん、化粧品が医薬部外品に該当する効能効果をうたうことはできません。

製造販売業許可と製造業許可の2種類がある

次に、化粧品／医薬部外品を製造し販売するために必要な手続きについて解説しましょう。

化粧品／医薬部外品を自社の名前で市場に流通させるには、薬事法に基づいて化粧品／医薬部外品製造販売業許可が必要となります。もっと詳しくいえば、

- **化粧品／医薬部外品を製造販売・輸入する　↓　化粧品／医薬部外品製造販売業許可**
- **化粧品／医薬部外品を製造する　↓　化粧品／医薬部外品製造業許可**

旧薬事法では、製造業者が製造販売後までの責任をすべて負うことになっていましたが、2005年の改正後に、製造業とは別に製造販売業が新たに設置されました。製造業者は必ずしも1社とは限りません。誰が責任を取るのかが曖昧だったため、それを明確にするための改正です。

製造販売業者は、製造販売後の不具合などの問題を含めて、化粧品／医薬部外品についての薬事法上の全責任を負います。製造を別業者に委託した場合においても常に品質管理等の監督をする必要があるのです。

また、化粧品／医薬部外品製造業許可は製造所ごとの許可であり、複数の製造所がある場合は、それぞれの製造所ごとに許可を取得することになります。

化粧品／医薬部外品製造業許可には、２つの許可区分があります。

①「包装・表示・保管区分」
化粧品／医薬部外品製造工程で、「包装」（二次包装に限ります）・表示ラベル貼り付け、製品の保管作業のみを行える業態。容器への充填作業など、一次包装を行なう場合は、②の「一般区分」の許可が必要となる

②「一般区分」
化粧品／医薬部外品製造工程で、「包装・表示・保管区分」で行なえる作業も含め、全部の製造工程を　行なえる業態

構造設備要件も明確に決められています。一般区分の化粧品製造業者の製造所の構造設備要件は、換気や防じん、防虫、廃水や廃棄物の処理に関して必要な設備や器具を備えている必要があります。常時居住する場所と明確に区別されていなければなりません。自宅のキッチンで化粧品をつくる、あるいは自宅マンションを利用したエステサロンの一画で化粧品を製造する場合、この薬局等構造設備規則からいっても製造販売業許可の取得は現実的には不可能といえるでしょう。詳しくは、厚生労働省のホームページで調べてみましょう。

社内に薬剤師等を配備する必要あり

化粧品製造販売業許可とは、製品を市場に流通させるために必要な許可です。ほかのメーカーが薬事法に基づいて製造した化粧品や、商社や代理店などがやはり薬事法に基づいて輸入した化粧品を仕入れて販売する場合は、すでに市場に流通した商品を販売する行為にあたるので、化粧品製造販売業許可を取る必要はありません。

かなり頭が混乱してきたかもしれませんが、がんばりましょう。次に、許可を取得するための要件をあげてみます。

【化粧品製造業許可】
・製造所の構造設備が、厚生労働省令で定める基準に適合
・責任技術者の設置
・申請者が一定の欠格事由に該当しない

【化粧品製造販売業許可】
・総括製造販売責任者の設置
・安全管理責任者の設置

・品質保証責任者の設置
・品質管理の方法が、厚生労働省令で定める基準（GQP）に適合
・製造販売後安全管理の方法が、厚生労働省令で定める基準（GVP）に適合
・申請者が一定の欠格事由に該当しない

ここに出てくる「責任技術者」や「総括製造販売責任者」は、誰でもなれるというものではありません。例えば、「責任技術者」や「総括製造販売責任者」は薬剤師であるか、もしくは薬学や化学に関する専門の課程を修了しているといった条件をクリアしていなければなりません。

このように製造販売業許可を取得するには、製造設備や機能に加えて、人的な要件も整備しなければなりません。これらの責任者は、化粧品では一人が兼務することができるので、薬剤師が社内に一人いれば対応できます。ただし、医薬部外品の場合は、品質保証責任者と安全管理責任者は別々である必要があります。要件を満たす人材が社内にいない場合は、新たに雇い入れることになります。

GQPとGVP

先に紹介した化粧品製造販売業の許可取得の要件のなかには、「品質管理の方法が、厚生労働省令で定める基準（GQP）に適合」「製造販売後安全管理の方法が、厚生労働省令で定める基準（GVP）に適合」の2つがありました。

このGQPとGVPについて説明しましょう。

GQPとはGood Quality Practiceの略。日本語に訳すと「製造販売品質管理基準」となります。製品を市場に出荷する場合の手続きについては、「製造販売業者はあらかじめ、製品の製造管理の結果を適正に評価し、市場への出荷可否を適切に行なうために必要な決定の基準や手順を適切に定め、これが遵守していることを確保しなければならない」と定められています。

一方、GVPはGood Vigilance Practiceの略。製造販売後安全管理基準のことです。市販後の安全性の管理体制基準と考えましょう。

平たくいえば、GQPは市場へ出荷する前の製品の品質に関する基準、GVPは市場に出荷した後に問題がないように定めた安全性の基準です。

GVPは、例えば化粧品を買ったお客様から「肌にトラブルが起きた」というクレームが届いた場合、情報の入手方法から検討方法、対応方法に至るまで、最終的に安全性に関する情報を処理するまでのルールを定めたものです。GQP・GVP省令では、それぞれ実施すべき項目や内容が定められており、GQPに関しては業務を行なうことと手順書、GVPに関しては業務を行なうことは義務になります（化粧品、医薬部外品の場合）。

化粧品を製造し販売する許可を取得することが、いかに一筋縄ではいかないかがよくおわかりいただけたかと思います。すでに化粧品製造販売業許可を取得している化粧品OEMに製造を依頼すれば、製造販売元としての役割はOEMが担うこととなるので、あなたの会社は単なる発売元となります。法律的な許可の取得は不要です。

広告・商品名・コピーも法律の規制を受ける

化粧品には、薬事法で定められた事項を、原則として直接の容器と被包（外側の包み）に必ず表示しなければなりません。薬事法改正により、化粧品に配合されるすべての成分を表示することが義務づけられましたが、表示の際に用いる成分の名称は、日本化粧品工業連合会による表示名称作成ガイドラインに準じて行ないます。

広告も薬事法のしばりを受けます。対象は、広告だけに限らず、商品名やキャッチコピー、ホームページ上での表現など全般に及びます。

薬事法には以下のように、誇大広告禁止の項目が設けられています。

〈第66条〉

1．何人も、医薬品、医薬部外品、化粧品又は医療機器の名称、製造方法、効能、効果又は性能に関して、明示的であると暗示的であるとを問わず、虚偽又は誇大な記事を広告し、記述し、又は流布してはならない。

2．医薬品、医薬部外品、化粧品又は医療機器の効能、効果又は性能について、医師その他の者がこれを保証したものと誤解されるおそれがある記事を広告し、記述し、又は流布することは、前項に該当するものとする。

3．何人も、医薬品、医薬部外品、化粧品又は医療機器に関して堕胎を暗示し、又はわいせつにわたる文書又は図画を用いてはならない。

この内容に抵触すれば、その化粧品は薬事法違反とみなされ、製造販売業者は行政処分を受けることとなります。

しばりは薬事法だけではありません。化粧品の広告は次のような規制も受けます。

- 医薬品等適正広告基準
- 化粧品の表示に関する公正競争規約
- 化粧石けんの表示に関する公正競争規約

こんな広告は許されない

ずいぶんとたくさんの規制があるんだな……。きっと多くの方がそう思い、ため息をつかれたのではないでしょうか。

ただ、どんな広告が薬事法違反なのか、わかりづらいので、ここで実例をあげてみましょう。基本的に、化粧品としての効能を逸脱したり、医薬品や医薬部外品と紛らわしかったり、特定の成分を特記としていたり、最大級な表現を用いているものはすべてNGです。

例えば、「アンチエイジング」や「シミを薄く」は誇大広告にあたります。化粧品としての効能を逸脱しているからです。

一方、「エイジングケア」は現状、許容範囲内。微妙なところですが、「抗加齢」を意味する「アンチエイジング」よりは、「加齢のお手入れ」を意味する「エイジングケア」のほうが穏やかな表現だからでしょう。

「美白」「ホワイトニング効果」はどうでしょうか。

医薬部外品については現状認められていますが、ただし条件付きです。「美白」「ホワイトニング効果」ともに、薬事法で承認・許可された字句ではないので、これらの字句を用いる際には、次のような説明を付記する必要があるのです。

「メイクアップ効果により肌を白く見せる」

「メラニン色素の生成を抑えることにより日焼けを起こしにくい」

しわに関する表記についても同様です。

「お肌がピンとひきしまり、小じわが目立たなくなります」は誇大広告にあたりますが、「気になる小じわをかくし、目立たなくしてくれます」（メイクアップのみ）は問題ありません。

成分表示についても例をあげてみましょう。

「生薬成分○○○、漢方成分○○○」「アロエエキス配合（消炎成分）」「本品は老化を予防するといわれている『ウコン』を含有しています」はいずれもNG。しかし、「カミツレエキス（保湿成分）配合」「お肌にうるおいを与える成分としてローズマリーエキスを添加しました」はOKです。

どんな表現なら○でどんな表現なら×なのか。なかなか判断がつきにくい領域ですが、効果を想起させるような表現はいいけれど、直接的に効果をうたう表現は認められないと考えると、多少は判断しやすくなるかもしれません（179ページに薬事法違反の例をあげています。こちらも参考にしてください）。

いずれにしても、広告表現については判断が難しく、時代によっても違反か違反でないかの線引きが変わります。

誇大広告を避けるための適切な方法はやはりプロに任せることでしょう。たくさんの蓄積があり、場数を踏んできたＯＥＭや化粧品の諸手続きに精通した行政書士に確認するのが確実です。

※薬事法を含むこの章での最新情報は、巻末に記載したＵＲＬよりそれぞれの担当省庁および各都道府県の担当部署にお問い合わせください。

▦ **薬事法違反の広告例　　　の部分が薬事法違反** ▦
（東京都福祉保健局のホームページより）

- ○○ローションはお肌に潤いをお届けするのと同時に、抗酸化成分＝ビタミンEがお肌の酸化を防ぎ、肌のサビを取り除きます。お肌の酸化防止は、老化予防にも大変重要です。
- ご家庭でも使用頂ける、アロマセラピー用化粧品です。本品に配合されている○○オイルは、肌の血行を促進しダメージを回復する働きがあります。さわやかな香りをお楽しみください。
- このクリームはお肌のリフティング効果があり、目元の小じわにとても効果的。つっぱり感も少ないので自然な感じで小じわを目立たなくすることができます。
- この製品は保湿効果によって、乾燥による小じわの発生を防ぎ、小じわの生じにくい状態にしてくれます。普段は大丈夫だけど外に出るときはちょっと心配という方、ぜひお試しください。クリームよりも軽いつけ心地です。
- 本品の特徴はなんといっても洗浄成分◎◎◎。◎◎◎はお肌の汚れを除去するとともに、ピーリングにより若返りを実現するすぐれモノ。化粧品としてはよく使用される成分ですが、もう一度効果をお試しください。
- もう手遅れかしらと考えているあなた。まだ大丈夫です。黒いお肌も徐々に白くする。それが本品のホワイトニング効果です。
- フランスの広大な大地で育まれたブドウの種から搾り取ったブドウ種子油を配合した化粧油です。ブドウの種からとれる油には、お肌に対する抗酸化作用があるといわれています。

Chapter 1

化粧品はこうして売り込もう！

スタート時の現実的な販路はネット通販

化粧品を販売するチャネルは複数あります。詳細は、Part 1 Chapter 1 で述べましたが、すべてのチャネルにすぐに商品を乗せられるわけではありません。スタートしたばかりの化粧品ブランドに向いているチャネル、不可能なチャネル、実現可能なチャネルがあります。

一般的にいえば、デビュー間もない化粧品ブランドを市場に乗せるのにもっとも効率的で無理のない手近な選択肢はネット通販でしょう。リアル店舗を構えれば、家賃、運営費、人件費などさまざまなコストが発生し、開店までには数ヶ月を要しますが、ネットショップなら比較的短時間でオープンできます。ホームページの構築をアウトソーシングしたとしても、かかる費用は実店舗の開店費用の比ではありません。イニシャルコストの安さはネット通販の一番のメリットです。

ただし、万全なセキュリティシステムを構築し、訪れたお客様がストレスなく買い物できる使い勝手のよさを追求しなければなりません。商品の魅力や個性が来店客に伝わるよ

▦ 各チャネルのメリット・デメリット ▦

ネット通販

【メリット】	【デメリット】
・イニシャルコストの負担が少ない ・立ち上げまでに時間がかからない ・ひとりでも始められる ・クチコミで人気を高めやすい ・利益率が高い ・全国、ときには海外からの集客も可能	・集客が難しい ・SEO対策が不可欠 ・商品の特性を伝えにくい ・コンサルティング販売が難しい ・万全なセキュリティシステムが不可欠 ・お客様からの問い合わせや注文への迅速な対応が必須 ・使い勝手がよくないとすぐにクチコミで悪評が伝わる ・商品特徴が伝わる画像が必須 ・実物が見えないことに関して不安感を抱く消費者もいる

直営店

【メリット】	【デメリット】
・化粧品の世界観を伝えやすい ・商品の特性・特徴がよくわかる ・実物を見られるので安心感がある ・コンサルティング販売が可能	・イニシャルコストの負担が大きい ・お店をオープンするまでに時間がかかる ・物件の取得や内外装など手間が膨大 ・人を雇うと人件費がかかる ・立地によって集客が左右される

卸して販売（実店舗の一画で販売する形態）

【メリット】	【デメリット】
・手に取ることができるので商品の特性、特徴がよくわかる ・実物を見られるので安心感がある	・売り場の一画での販売になるので化粧品の世界観を伝えにくい ・直営店レベルのコンサルティング販売は望めない ・マージンを支払うため利益率が下がる ・店舗の立地・陳列の位置によって集客が左右される

うな画像や紹介文を作成し、在庫切れという事態が起きないよう精度の高い在庫管理を行ない、顧客からの問い合わせや注文に対して誠実できめの細かい対応をすることが不可欠です。

集客もそれほど簡単ではありません。数多いネットショップのなかで、いかに自店にお客様を募るか。これは誰もが直面する最初のハードルです。集客力が高いからと、国内最大手のショッピングモール・楽天市場に出展しても、化粧品を扱っているショップだけで7000店近くあります。このなかで自店を目立たせ、ファンをつくっていくのは容易なことではありません。SEO対策、メールマガジンの定期的な発行、ブログ、ツイッター、フェイスブックなど多様な方法で集客力を高め、ブランドを認知させる努力が必須です。ハードルはありますが、いまやネット通販は不可欠のチャネルです。たとえお店を開くにしても、他店に卸すにしても、ネットで売る選択肢は必ず提供したいものです。現代の生活者にとって、ネットでの購入先は「あって当然」なのです。

東急ハンズに飛び込み営業!?

うちの化粧品ブランドはあのお店に置いたら客層も合うし、売れるのではないか。そんなお目当ての店舗がもしあるのなら、それは行動力あるのみ。うまくいけば取り扱ってもらえるかもしれません。こう断言できるのは、実際に、アクションを起こしてリアルのチャネルを切り開いた例がたくさんあるからです。

石けんのOEM会社が立ち上げた自然派化粧品Mブランドの例を紹介しましょう。この会社の社長は、ネット通販をスタートする一方で、東急ハンズへの卸も検討していました。Mブランドの看板商品は、昔ながらの釜焚き製法で百時間かけて焚き上げた純石けん分98％の石けんです。肌に優しい原料やリーズナブルプライスは東急ハンズのラインナップに馴染むと考えたのです。

そこで、社長は直接東急ハンズに出かけ、売り場担当者に声をかけました。そこから、バイヤーを紹介してもらい、商品と資料を手にプレゼンを実施。このプレゼンは首尾よく進み、取り引き成立。Mブランドは、東急ハンズの石けん売り場に並び、社長の狙い通り人気を獲得しました。今ではロフトやプラザ（旧ソニープラザ）でも販売され、直営店も増加。いずれも好調な売り上げを示しています。

多種多様な商品を揃える東急ハンズは、有名無名を問わず、企業規模も関係なく、「これは面白い」「これはハンズ向き」とバイヤーが判断すれば、これまで取り引きがないような会社の製品でも導入されることが多いことで知られています。Mブランドだけでなく、飛び込み営業のような形でチャンスをつかみ、成長していったブランドや商品は少なくありません。

卸をする以上は、掛け率を考えなければならず、直販するよりも利益率は下がりますが、多くの人の目に触れ、チャンスは広がりやすくなります。

しかし、Mブランドの例からもわかるように、何よりも重要なのはブレのないコンセプトと独創性です。これなくしてはバイヤーの気持ちを動かすことはできません。やみくもに販路を開拓しようと動くのがいいのではありません。肝心の商品が魅力的であることが重要なのです。

百貨店での販売は可能か

百貨店チャネルを切り開くことは可能でしょうか。

この質問についてはシビアにお答えしておきます。百貨店の化粧品売り場に自社製品を置いてもらいたいと考えても、現実的にはハードルは相当に高い。ほぼ「無理」と考えておいたほうがいいでしょう。

百貨店に商品を卸す場合は、百貨店専門の問屋に口座を開く必要がありますが、デビューしたてのブランドに問屋がいきなり口座を開いてくれる可能性はまずありません。可能性のある道筋として考えられるのは、百貨店のバイヤーが顔を出す化粧品展示会に出展し、ブランドの魅力をうまくアピールすること。バイヤーがブランドの可能性を確信すれば、取り扱いの糸口がつかめるかもしれません。

百貨店も今、全国から選りすぐった通販ブランドやご当地コスメをコーナー化するなど、差別化に力を入れています。バイヤーのおメガネにかなえば、百貨店進出への足がかりをつくれることもあり得ます。

しかし、現実には茨の道です。ネット通販で話題となり、高い人気を集める、化粧品クチコミサイトで高い評価を受けるといった実績を積み上げた後、百貨店から「扱いたい」というオファーが届くというパターンのほうが現実的に起こりやすいのです。

いずれは華やかな百貨店の化粧品売場に並ぶようなブランドに育てたい。こうした目標を持つことは悪いことではありません。しかし、まずは実績づくりから。足下を着実に固めていきましょう。

展示会に出展する

化粧品を取り扱う展示会に出る。これもまたチャネル開拓に有効な方法です。

化粧品の展示会で代表的なものをあげると、コスメティクスジャパン、インターフェックスジャパン、国際バイオEXPO、化粧品産業技術展、ビューティーワールド ジャパン、ダイエット&ビューティーフェア、ビオファジャパン オーガニックエキスポなどがあり

▦ 主な化粧品の展示会 ▦

展示会名	特徴
コスメティクスジャパン 化粧品開発展	化粧品原料、OEM、容器・パッケージ、研究機器など化粧品の開発や企画に必要な製品サービスが出展する専門展 http://www.cosmetics-japan.jp/
インターフェックスジャパン	医薬・化粧品・洗剤を製造・研究開発するためのあらゆる機器・システム・技術が一堂に出展するアジア最大の国際専門展 http://www.interphex.jp/
国際バイオEXPO	ライフサイエンス研究を支援する機器・技術が一堂に集結するアジア最大の巨大バイオ展 http://www.bio-expo.jp/
化粧品産業技術展 CITE Japan	日本化粧品原料協会連合会、日本化粧品技術者会が主催・共催する、唯一の化粧品原料・製造技術に関する展示会及び技術発表会 http://www.citejapan.info/
ビューティーワールドジャパン	エステ、ネイル、美容機器、ヘア、癒し、医療美容に関する全ての製品、サービス、情報、技術が国内外から一堂に集う日本最大のビューティー国際見本市 http://www.beautyworldjapan.com/
ダイエット＆ビューティーフェア	国内・海外のビューティビジネスに特化した専門性の高い展示会 http://www.dietandbeauty.jp/ja/
ビオファジャパン オーガニックエキスポ	自然食品、化粧品、衣料品、雑貨品、医薬品、エステティックサービス、ホテル、有機認証サービス、雑誌社等メディア、小売店、通信販売業など多種多様なオーガニックビジネスが集う展示会 http://www.biofach.jp/
東京インターナショナルギフトショー	日本最大のパーソナルギフトと生活雑貨の国際見本市。大阪、福岡でも開催 http://www.giftshow.co.jp/tigs/72tigs/index.htm

(2011年5月現在の情報)

ます。それぞれ特徴があり、コスメティクスジャパンは化粧品の企画・開発から製造に至るまで幅広い企業が出展する展示会ですが、化粧品産業技術展は化粧品原材料メーカーを中心にした製造技術にウエイトが置かれています。ビューティーワールド ジャパンは化粧品から美容機器、ネイル商材、ヘアケア製品、パッケージに至るまでの業種が出揃う化粧品の総合見本市という性格です。インターフェックスは、医薬品・化粧品・洗剤の研究開発技術の見本市という表現が適切でしょう。

OEMを探したいなら化粧品開発展が、素材や技術を探しているのならば化粧品産業技術展やインターフェックスが向いています。取引先の開拓が目的ならばビューティーワールド ジャパンがいいと思います。ただし、どの展示会でも競合相手が非常に多いと覚悟してください。そのなかで自社ブランドをアピールするには、当然それなりの準備が必要です。

展示会の小間料（ブース料）の相場は一番小さいコマで30万円。これに、ブース設営や展示、陳列にかかる費用が加わります。一番よい立地で大きなブースを構えることができれば集客力は高まりますが、この方法を採用できるのは一部の大企業だけでしょう。予算が限られているなら、知恵を絞るのみです。

できれば、大きなブースの人の流れを吸収できる場所を選び、通路に対してオープンなブースにしましょう。受付、展示解説スペース、商談スペース、バックヤードを来場者の視点に立ちながらゾーニングし、サインや解説パネルも来客者の目に飛び込みやすい位置を意識すること。商談用のテーブルやイスも必須です。招待状からウェブサイト、ブース、サイン、パネルなどトータルでイメージ訴求できるデザインの統一感も欠かせません。

もし商談にこぎつけることができれば、必ずその後のフォローをこまめに行ないたいものです。獲得した名刺やアンケート、商談記録はリスト化し、優先度別（可能性の高い順）にランク分けするとその後の行動に移しやすくなります。

なお、費用については公的な助成制度もあるので、検討してみてはいかがでしょう。各自治体に制度があります。東京都中小企業振興公社の場合、展示会参加費用等の助成制度があり、経費の2／3以内（上限100万円）が助成されます。

展示会では待ちの姿勢ではダメ。工夫を凝らし、自社ブランドを目立たせ、集客を図り、展示会後のきめ細かなフォローを怠りなく実施することで、攻めの姿勢でチャンスをつかみましょう。

販売網ありイコール成功ではない

すでに販売ルートを持っている、顧客ネットワークがあるという会社ならば、新規チャネル開拓に一番のプライオリティを入れる必要は低くなります。下着販売会社、健康食品のネットワークビジネス、通販カタログ業、固定客を確保している美容院チェーンなどがこうしたケースです。販売網の存在は、化粧品ビジネスをスタートする上で大きなアドバンテージです。

ただし、販売網に乗せたからといって必ずしも化粧品ビジネスが成功するとは限りません。販売網は「あるに越したことはない」優位点ですが、化粧品マーケットで勝ち残るための十分条件ではないのです。立派な販売ルートがありながら、新しく始めた化粧品は既存客からそっぽを向かれた。そんな例もあるのです。

それはなぜだと思われますか。

ズバリ、その会社が化粧品を手掛ける意義や意味合いが薄かったからです。化粧品なら何でも売れるわけではありません。なぜラインナップの一画に化粧品があるのか。それがおのずと既存客に伝わるような化粧品でなければ勝機はありません。

その意味で、通販会社・カタログハウスの化粧品への取り組みはぜひ参考にしたい例です。カタログハウスの雑誌「通販生活」で販売されているのは、一部コラボ商品もありますが、基本は他社からの仕入れ商品。化粧品も同様ですが、カタログハウスは化粧品の反響の高さを受けて、新しく化粧品だけのカタログ「スロワージュ」を発行しました。

規模の大小にかかわらず、高い専門技術を持つメーカー品だけを集め、かつ、カタログハウスの選定基準に合格した製品だけに「スロワージュ」というブランド名を付けています。つまり、「スロワージュ」とはカタログハウスが認める高水準化粧品のセレクトショップなのです。

選定基準は、すべての成分がどんな原料からどのように抽出・加工されたか確認できるもの、植物エキスを使っている場合、抽出溶剤が確認できるもの、ヒトパッチテストによる皮膚刺激性試験で、肌への刺激が極力、弱いと確認できたもの、現段階で代替のきかない石油系合成成分にかぎっては必要最低限の配合を認める等。いずれも明確で曖昧さがありません。なぜカタログハウスが化粧品を扱うのかという疑問に対するクリアな答えがそこにある。だから、ファンをつかんでいるのです。

自分たちの既存顧客にどんな化粧品を提供したいのか、その化粧品は既存顧客にどのような付加価値を持ってもらえるのか、それらを追求した上でオリジナル化粧品を導入して初めて、今そこにある販売ネットワークは確かな効果を発揮します。

広告よりもPR強化を

広告とPR。どちらもブランドの知名度を高め、認知度を上げるための有効な手段ですが、混同されることが少なくありません。

しかし、この2つは似て非なるもの。企業が新聞や雑誌、テレビやラジオなどメディアの一定枠を買い取り、そこで自分たちがアピールしたいことを自分たちの表現で発言するのが広告。広告代理店を通じて、クライアントが枠を有料で買い取る形です。

一方、ＰＲとはメディア側が「自社メディアで紹介するにふさわしい」と判断した情報を掲載すること。あくまでメディア側の自主的な判断ですから、費用は一切かかりません。

どちらがより効果的なのでしょうか。

両方とも効果はあります。しかし、予算があり余っているという会社なら別ですが、限りある予算のなかで化粧品ビジネスに挑戦するという方には、ぜひ少ない投資で効果を上げられる可能性の高いＰＲの強化をおすすめします。

広告には広告のよさがあります。瞬時に知名度を上げたいのであれば、マスメディアを使用した広告に軍配が上がるでしょう。とりわけテレビの効果は高い。即効性の高い方法です。しかし、広告料は安くはなく、クオリティの高い広告をつくろうとすれば、多額のコストが必要です。広告を打っている間はいいけれど、やめた途端に人気が落ち、売上が低迷というケースも珍しくありません。

ＰＲのメリットは、費用がかからないことだけでなく、情報の信頼度が高まることです。メディアという第三者が自主的に取り上げるので、企業やその事業、製品に対する消費者の信頼感が増すのです。

最近の消費者は、広告を割り引いて見る傾向が強まっています。いくらこの化粧品は素晴しいとうたっても、「どうせ広告でしょう」と一歩引いて見ている。一見、記事風に仕上げているタイアップ広告（メディア側の記事として商品やサービスを紹介すること。広告料金が発生する）についても同じです。

しかし、純粋に記事のなかで紹介されていたらどうでしょうか。番組と番組の間に流れるCMではなく、番組自体で取り上げられたら、商品への信頼度は高まりますよね。雑誌においても同様です。読者は広告よりも素直に情報を受け止めます。消費者の信頼感を得るにはPRは効果的な方法なのです。

ただし、取り上げられるか否かはあくまでもメディア側の判断次第。競争相手も多く、PR活動を展開したからといって、必ずしもメディアに取り上げてもらえるとは限りません。

簡潔でわかりやすいプレスリリースの定期発信を心がける

では、メディアへのPRはどのように展開していくべきなのでしょうか。

「これをすれば絶対確実」という方法はありませんが、最低限、これだけは継続的に実施すべきという方法なら複数あります。

ひとつは、プレスリリースの発信です。ブランド立ち上げ時、新製品発売時、プレゼントキャンペーン、シーズンプロモーションの展開など、機会があるたびに、簡潔なプレスリリースを作成し、発信しましょう。

プレスリリースをおすすめするのは、企業が発信した情報をもとにメディア側が記事や番組をつくる、あるいは参考にすることが多いからです。化粧品ビジネスの場合、ターゲットとなるメディアは主に女性誌や美容誌ですが、編集部はいつも新しい話題や面白そうな情報を求めています。内部の編集者も、外部の美容ライターや美容ジャーナリストも、他誌と差別化を図るための情報を探し、知名度や企業規模に関係なく、自分たちのアンテナに引っかかる化粧品情報を真剣に追い求めています。需要があるのですから積極的に供給すべきです。

ただし、女性誌や美容誌の読者年齢やテイストは雑誌によって微妙に異なるので、自社の化粧品ブランドと接点が多そうなメディアを選び、編集部にプレスリリースを配信することからスタートしましょう。もし美容ライターや美容ジャーナリストにつてがあれば、ダイレクトに情報発信するとより効果的です。

もちろん、送ればそれでよし、ということではありません。雑誌のつくり手の目に触れやすく、関心を集めそうな内容に仕上げる必要があります。そのためには、文章はすぐに記事に転用できるように簡潔にまとめ、商品情報（品名・内容量・価格・成分など）は箇条書きにすること。どんなブランドでどんな化粧品なのかがビジュアルでわかるように画像も載せ、問い合わせを受ける担当者の名前と連絡先、ＵＲＬを明記しておくことです。

女性誌には必ず「新製品情報」のコーナーがあります。これは、主に送られてきたプレスリリースをもとに作成されているページです。キャリアの浅い新人編集者やバイトが担当することが多いため、すぐ記事にできるようにまとめられた完成度の高いプレスリリースは採用される確率が高くなります。小さな「新製品情報」のコーナーだからと侮るなかれ。そこから、もっと大きなチャンスが開けるかもしれません。

どんな化粧品がその雑誌にピックアップされているのか、そこに傾向や共通点はないのかを検証するのもよいでしょう。検証をもとに、仮説を立て、それを実践してみる。この繰り返しが重要です。

なお、最近は、プレスリリースを無料で掲載するサイトが増えています。Ｗｅｂサイトだけでなく、ツイッターやポッドキャストを使ってアピールしている会社もあるので、こうしたサイトへの掲載も併行して実施することをおすすめします。

ソーシャルメディアを使い分けよう

ブログやツイッター、フェイスブックも積極的に活用したいツールです。

このようにアドバイスすると、「何を書けばいいのかわからない」という答えが返ってくることが多いのですが、わからないのであれば、まずはテーマを決めてみませんか。開発担当者がブログで、商品の特徴をひとつずつ紹介していく。「この化粧品の特長はこれ」という熱い思い入れを語る。「化粧品とはこうあるべき」という持論を述べる。最新の女性誌に見る「人気化粧品の傾向」をチェックする、旬の女優やタレントの化粧法を分析する。毎日の気温や室温、天気と肌の関係を探る。「何でもいいから書け」といわれると途方にくれますが、テーマさえ決めてしまえば書けそうな気がしませんか。

社長が自らブログを書いてもいいし、販売担当者、営業担当者それぞれがそれぞれの立場で自社商品を語るのも面白い。

ツイッターやフェイスブックなどソーシャルメディア（ＳＮＳ）も積極的に取り入れてみましょう。ツイッターは字数制限（１４０字まで）があるので、ブログよりも始めやすいかもしれません。

ファンをつくり、化粧品ブランドを育成するという点で、高い可能性を感じるのがフェイスブックです。まだ国内でのフェイスブックユーザー数はツイッターやミクシィなどのＳＮＳほど増えてはおらず、「様子見」を決めている企業が大半を占めています。

しかし、フェイスブックにファンページを開設した企業の多くが、従来のＳＮＳにはない大きな手応えを感じているようです。フェイスブックは実名での登録が原則で、趣味や嗜好、学歴といった属性が明らかだからです。単に新製品情報やキャンペーン情報を告知するだけでなく、ブランドの世界観や個性を発信できるツールとして使え、ファンとの対話が深まるのです。

ツイッターとフェイスブックの特徴の違いは、よく、知らない人と新たに知り合いになれるのがツイッターで、知っている人とより仲よくなれるのがフェイスブック、「広がる」のがツイッターで、「深まる」のがフェイスブックといわれます。

ブランドとの関わりあいや利用頻度を抜きに、ただファンの数だけを増やすのならツイッターのほうが有効かもしれません。しかし、ブランド価値を上げるために必要なのは、より熱心なファンを増やすこと。「深まる」を目的に、フェイスブックをぜひPRに取り入れることをおすすめします。

フェイスブックでファンページをつくる

そのまま自社のサイトになるファンページをフェイスブック上に立ち上げることは難しいことではありません。誰か個人のアカウントで「新しいファンページを作成」をクリックし、コミュニティページか公式ファンページかを選ぶだけです。

このとき、与えられたURLは文字や数字の羅列なので、公式ファンページらしいURLに変更しましょう。そのためにはファンが25人必要です。身内でも友人でもとにかく声をかけてこの人数を確保すればＯＫ。これで公式ファンページが完成しますが、開設前に、「なぜファンページを開いたのか」という目的を持つことはいうまでもありません。開設できたら、後は工夫次第。取り組み方いかんで、ファンページは実りあるブランド力アップの場に変貌します。キャンペーン、新製品、プロモーションなどの情報を発信し、ファンとの対話を深めていくことです。

「インサイト」というフェイスブックならではの機能も活用したいところです。ファンの属性情報やアクセス解析情報をチェックできる機能は、実名主義を取っているフェイスブックだからこそ取得可能なデータです。

検索されやすさもフェイスブックの特徴でしょう。フェイスブックはグーグルページランクで最高評価の10を獲得しています。「広げる」のに適したツイッターは告知力を高めるために使い、「深める」のに適したフェイスブックはファンとの交流を深め、ブランド価値の向上に用いる。どちらがいいというよりも、どちらもあり。新しいデジタルインタラクティブコミュニケーションのそれぞれの適性を考えた上で取り組むといいでしょう。

継続は力なり

プレスリリース、ブログやツイッター、フェイスブック。いずれの方法においても重要なのが継続することです。

開設当初はブログが頻繁に更新されていたのに、ここ数ヶ月はめっきり更新頻度が落ちている。こんな状況を目にしたお客様はどう思うでしょうか。

あまりやる気がないのかな。商売がうまくいっていないのかも。もしかしたら閉鎖も近いのでは!?

こんな風に不安を持たれても仕方がありません。

何よりも大切なのは続けること。熱に浮かされたようにある時期だけ発信回数が多く、その後は音沙汰がないというのは論外です。

プレスリリースにするほどの内容が最近はないというのであれば、せめてウェブサイトのトップページの文章や、ブログはまめに更新し、季節性を反映させたい。ツイッターもフェイスブックも同じです。コンスタントな活用は鉄則です。

何事もすぐに効果は表れません。確かな成果が得られるようになるには、ある程度の時間がかかります。継続は力なり。この言葉の重みを日々噛みしめながら、インターネットを最大限に利用していきましょう。

Chapter 2

成功事例に学べ

化粧品事業を立ち上げた目的を果たしているか

異業種から化粧品業界に進出し、成功を収めている企業がたくさんあることは、すでにPart1で紹介しました。繊維業界から進出したカネボウを筆頭に、DHCやドクターシーラボなど、化粧品マーケットで確固たる地位を確立しているブランドは数多く登場しています。売上規模はそう大きくなくても、固定ファンをつかみ、事業を軌道に乗せているブランド、副業的に化粧品に取り組み、本業にプラスの相乗効果をもたらしているブランドもあります。

売上規模の大小は成否とイコールではありません。化粧品事業を立ち上げた目的を果たしていれば、それは成功であり、成果といえるのではないでしょうか。

会社の柱となる事業を新たに設けたい、化粧品を品揃えすることで来店客を増やしたい、将来有望な自社素材を活用したい。目的は各社各様。この章では、そんな異なるゴールに達した成功事例を取り上げることにしましょう。

新しく化粧品ビジネスを立ち上げた会社はどのように目的を明確化し、それを実現していったのか。あなたにも参考になる事例がきっとあるはずです。業種や規模が違っても、成功事例から得られる共通点は、必ずや化粧品ビジネスの参考になり、プラスになるでしょう。

まずは先人たちの取り組みに目を向けてみませんか。

成功事例その1　酒造会社がつくった化粧品

酒造メーカーと化粧品は相性のよい組み合わせです。その証拠に、これまでにもたくさんの参入例があり、現在もその傾向が続いています。

なぜ、酒造メーカーは化粧品事業に積極的なのでしょうか。

よくいわれるのが、「杜氏の手は美しい」という説です。昔から、日本酒を造る職人の肌は白くきめ細やかで美しいといわれてきました。日本酒入りのお風呂に入るのが美容法と語る女優やタレントもいます。芸妓さんは、白粉を塗る前に日本酒を化粧水に使って美しい肌を維持していた、といういい伝えもあります。

このように美肌と日本酒を巡るエピソードは事欠きません。ならば、日本酒はどのように肌によいのか、解明に着手する酒造メーカーが増えてきました。その結果、酒造メーカーによる化粧品がマーケットに多数出現したのです。

一番の成功例といえるのが、勇心酒造（香川県綾歌郡）ではないでしょうか。杜氏の手は白く、お米を主食とする日本人は肌が美しく、寿命も長い。お米に何か秘密があるのではないかと考えた同社の徳山孝社長は、37年前にお米に微生物を加えて発酵させる実験をスタート。麹菌、酵母、乳酸菌といった自然界に存在する微生物の力を活用し、１００％白米のエッセンスを30日〜90日間、発酵・熟成させて、１９８９年に「ライスパワーエキス」をつくり出しました。

この「ライスパワーエキス」は、現在まで「肌をみずみずしく改善する」「髪や地肌を健やかにする」といった効能を持つ11種類のエキスが実用化され、化粧品として活用されています。

なかでも注目されるのが、世界ではじめて皮膚水分保持機能改善剤として厚生労働省から認可を受けた「ライスパワーエキスＮＯ・11」。このエキスを使った美容液は化粧品のクチコミサイト・アットコスメでも常に上位にランクインする人気アイテムです。

メイクアップには手を出さない

酒造メーカーが立ち上げた化粧品として、もうひとつ、福光屋（石川県金沢市）の例も紹介しましょう。

福光屋もまた、杜氏の肌の美しさに着目し、長年にわたって日本酒に含まれる美容成分や米醗酵について研究を進めてきました。やがて、お米や酵母の種類により、生み出される有効成分量が異なることに着目。完成したのが、醗酵が生み出す天然の美容液「コメ発酵液FRS」です。酒蔵コスメとして発売された「アミノリセ」シリーズは、取り上げる商品の品質や安全管理体制が厳しいことで知られるカタログハウスの雑誌「通販生活」誌上でも販売され、固定ファンを集めています。

この2社のケースは研究開発にかなりの時間と予算を割いた事例ですが、他社にも参考になるポイントが見えてきます。

①日本酒メーカーがつくる化粧品であることを徹底的にアピール

「杜氏の手は美しい」が開発の最大ポイント。両社とも、日本酒メーカーがつくる化粧品だからこそ、日本女性の肌を美しくできると一貫して訴求しています。ぶれない軸足はぜひとも見習いたい点でしょう。

②シンプルな原料をアピール

原料は米と水。素材がシンプルだからクオリティにこだわったと両社ともに強く主張しています。これは、体に優しい自然な素材しか使いたくないという自然志向の女性に大きく響くアピールポイント。安心して使いたいという意識に訴えかけています。

③メイクアップ化粧品は扱わない

スキンケア化粧品から始まって、メイクアップ化粧品やサプリメントまでラインナップを広げる事例はたくさんあります。しかし、この両社はメイクアップ化粧品を取り扱っていません。

ラインアップを拡大すべきか、絞り込むのか。どちらが正解ともいえませんが、「お米からつくった」が軸足である以上、メイクアップの領域にまで踏み込むと、酒造メーカーがつくる意味が薄れてしまうことは事実です。酒造メーカーがつくる「意義」にこだわったラインアップもまた人気の秘密といえるのではないでしょうか。

成功事例その2 牧場や豆腐店がつくった化粧品

千葉県に成田ゆめ牧場という観光牧場があります。敷地面積は約9万坪（東京ドームの約7倍）。1987年に一酪農家から観光牧場へと転換を図りました。

牛、鶏、アヒル、ポニー、羊、うさぎなどの動物と触れ合えるこの観光名所で来場者に人気なのが、乳製品を使ったパンやアイスクリーム、洋菓子にヨーグルト。そして、ハンドクリームです。

なぜ牧場でハンドクリーム？　その疑問はもっともですが、このハンドクリームは、ゆめ牧場の搾りたてのミルクを配合した製品。キャッチコピーは、「65℃30分の低温殺菌のノンホモ牛乳を成分とし、香料・防腐剤は一切添加せず丁寧に1つ1つつくり上げています」です。

このハンドクリームが売れています。発売当初、10日間で7000個が完売となり、一時はまぼろしのハンドクリームと騒がれました。牧場内のショップだけでなく、オンラインショップや東急ハンズなどでも販売されていますが、ハンドクリームの売上はオンラインショップで2位。東急ハンズのハンドクリーム部門で1位に輝いたこともあります。

成田ゆめ牧場が展開する化粧品は、ハンドクリームのほかはシャンプー、コンディショナー、リップクリームの計4点。ハンドクリームに次いで人気が高いのはリップクリーム。点数は少ないながらも化粧品事業が順調な動きを示しているのは、「牧場が化粧品を売る」という一見ミスマッチな組み合わせが、逆に「ベリーマッチ」に見えるからでしょう。

化粧品に限らず、どの商品も「搾りたての牛乳」にこだわり、牛乳にちなんだキャッチコピーが付けられています。ハンドクリームのキャッチコピーは「ゆめ牧場の手袋」。リップクリームは「搾りたてのくちびる」。思わず楽しくなる、それでいて、成田ゆめ牧場がつくる意味が伝わってくるコピーだと思いませんか。

食品についてはラインアップを拡大している成田ゆめ牧場ですが、化粧品については4点のみ。増える気配はまったくありません。化粧品は本業ではない。けれども、生活者の選択肢を増やし、買い物をさらに楽しくするという役割を果たしています。

もうひとつ紹介したいのが、豆腐専門店がつくる化粧品です。

成功事例その1で取り上げた日本酒と同じように、豆腐の世界でも長く「豆腐をつくる人の手は白く美しい」という説がありました。

この説を具現化させようと、宮崎県にある豆腐の盛田屋がつくったのが、豆乳せっけん「自然生活」です。

地元宮崎県椎葉村の湧き水と豆乳を使い、伝統的な釜炊き・枠練り製法の下、60日間かけて完成させた豆乳石けん「自然生活」は、自然志向の女性の心をつかみました。2010年7月時点で、累計販売個数はすでに150万個を突破し、ネット上のヤフーショッピングのトライアルセット部門では売れ筋商品ランキング1位を獲得。その実力を見せつけています。

盛田屋の化粧品開発ストーリーも、酒造メーカー同様シンプルそのもの。同社のホームページからちょっと引用してみましょう。

「椎葉村のミネラルたっぷりの湧き水、澄んだ空気。そんな豊かな自然が染み込んだゆき肌豆腐と豆乳。その自慢の素材を活かしてお肌の敏感な方にも優しいせっけんをつくりたい。そんな想いから、私たちのせっけんづくりが始まったのです」

わかりやすいですよね。コンセプトは簡潔にまとまっているのが一番。誰にも理解しやすい開発動機といえるでしょう。

豆腐の盛田屋は豆乳石けん「自然生活」からスタートして、現在は化粧水や美容液、フェイスパックなど、約40アイテムのスキンケア化粧品を販売しています。注目されるのは、この化粧品がマスコミなどで紹介されることにより、本業の豆腐の人気も高まってきたこと。福岡にも出店し、宮崎の本店は一種の観光名所にもなっています。ある意味、ご当地コスメ（ローカルな素材を生かした地方発のコスメ）の成功といえる事例です。

成功事例その3　金箔工房がつくった化粧品

2010年10月、羽田空港の国際線ターミナルが生まれ変わりました。江戸の町並みを情緒豊かに再現した4階の「江戸小路」には、日本独自の文化を感じさせるユニークな売り場が集結しています。

そのなかで独自の存在感を放っているのが、まかないこすめ。人気上昇中のこの化粧品ブランドは、金沢育ち、神楽坂生まれというバックグラウンドを持つ新興ブランドです。

まかないこすめは、明治32年（1899年）に創業した石川県金沢市の吉鷹金箔本舗で誕生しました。金沢といえば金箔の町。薄さ1万分の1㎜の金箔は金沢の伝統産業として栄え、市内にはいくつもの金箔工房が軒を連ねています。

吉鷹金箔本舗もそのひとつでした。しかし、そこで働く女性は大きな悩みを抱えていたといいます。金のかたまりを薄くのばし、均一の品質を保たなければならない金箔製造の作業環境は厳しく、高熱、高温、乾燥、無風により女性の肌は大きなダメージを受けていたのです。

北陸の女性はもともと白くきめの細かな肌の持ち主。なんとか美しい肌をキープしたい。切実な願いから、女性たちは金箔工房のまかない（作業場や台所）を使って、さまざまな化粧品をつくっては自分たちの肌に試していたとか。

こうして100年にわたって、吉鷹金箔本舗の「まかない」で日々繰り返されてきた美肌づくりのための試行錯誤を集約し、編纂したのが、まかないこすめなのです。金箔の会社がつくったというと、すぐに金箔入りの化粧品を想像しますが、まかないこすめはそうしたありきたりの発想とは一線を画したブランドといえます。

成功事例その2で紹介した牧場や豆腐専門店の化粧品とは、その成り立ちがまったく逆であることにお気づきでしょうか。「ミルクや豆乳を扱っていたら手が白く美しくなった」という説を具現化したのが成田ゆめ牧場や盛田屋の化粧品なのに対して、「肌に負担がかかる作業場だからこそ、そこで働く女性は美しい肌を守ろうと真剣に化粧品を開発した」のがまかないこすめ。対照的なアプローチですが、どちらにも説得力があり、魅力的な開発ストーリーではないでしょうか。

吉鷹金箔本舗は2005年に金箔製造業の歴史に幕をおろし、東京・神楽坂に拠点を移して、化粧品や金箔加工技術を生かしたあぶらとり紙など新商品の開発や販売に専念しています。まかないこすめのキャッチコピーは「金沢生まれ、神楽坂育ち」。花街であり、「和」の風情漂う趣のある町――金沢と神楽坂。ロケーションの選定も実に巧みです。

化粧品自体も「和」のテイストがバランスよく配合されています。黒砂糖や馬油、日本みつばちの蜂蜜と無農薬ラベンダー、宇治産緑茶と竹炭を使った石けん、こんにゃくのマンナン成分を用いた洗顔用のスポンジ、小豆や緑茶入りの化粧水など、いずれも使用されているのは日本の伝統的な素材であり、いかにも「まかない」で簡単に手に入りそうな素材ばかり。

もちろん実際には綿密に処方され、設計されているわけですが、「まかないで生まれた良質・上質なコスメ」というコンセプトに合致した素朴さ、手づくり感が伝わってくるラインナップです。ウサギが少し厚みのある金を叩いて薄くのばし、金箔をつくっている様子を表した印象的なロゴや、「和」のテイストのシンプルな容器やパッケージもよく考えられています。

メディアへの露出度も高まり、すでに直営店は、神楽坂の本店や羽田空港店をはじめ6店に増え、百貨店など全国50の常設コーナーも展開しています。面白いのが、常設コーナーの数を50と限定していること。制限を設けたのは、「理念、感性、商品管理などに全幅の信頼をおける売り場に限るため」。ブレのないポリシーがうかがえます。地方の企業が化粧品ビジネスを考える際のひとつの参考になる事例でしょう。

成功事例その4　美容室生まれの化粧品

美容室は化粧品と深い関わりのある業界です。化粧品を使う女性も、美容室に来店する女性も、目的はひとつ。「きれいになること」。顧客層が重なることから、これまでたくさんの化粧品が美容室から生まれ、巣立っていきました。

代表的なものでは、ハリウッド化粧品があげられます。同社はメイ・ウシヤマさんが1925年に東京・神田三崎町に開店したお店がそもそもの始まり。1933年に発売したまつ毛や眉毛の育毛剤を皮切りに化粧品製造販売業をスタートし、1945年にハリウッド化粧料本舗を設立、本格的に化粧品メーカーへとシフトしました。現在は、メイクアップ化粧品からスキンケア化粧品、ヘアケア、健康食品に至るまで、幅広いラインナップを誇っています。事業規模も格段に大きくなり、全国に美容室やエステを展開するほか、プロ養成の専門学校も運営しているハリウッド化粧品が、この業界から生まれた大成功事例であることに異論はないでしょう。

ヤマノビューティメイトも、美容業界から生まれた大御所ブランドです。どろんこ美容を提唱した美容家・山野愛子さんが1971年に資本金100万円で設立したヤマノビューティメイトは、化粧品製造販売・エステティシャン教育・人材派遣のグループ会社を擁する一大美容企業へと成長しました。

ハリウッド化粧品、ヤマノビューティメイトの両社に共通するのは、創設者の強烈なキャラクターではないでしょうか。日本女性をもっと美しくしたいという情熱に燃え、独自の美容理論で多くの女性を魅了したそのパワーが、化粧品事業にも反映されています。

ここまで大規模ではありませんが、この業界からはほかにもユニークなブランドが送り出されています。

福岡市でヘアーサロンとエステティックサロンをコラボレーションさせたトータルビューティーサロンを展開しているオーセルは、東京大学大学院化学生命工学博士の崔允聖先生と共同でシャンプー・リンス、ヘアスタイリングなどの研究・開発を開始。生分解性を追求したヘアケアを発売しています。

横須賀や川崎を拠点に、3つのブランドの美容室を展開しているファーレにも注目です。今年4月、オリジナルブランド「ラコルト」を立ち上げました。興味深いのが、発売されたアイテムがヘアケアではなく、オーガニック素材を使ったハンド&ネッククリームであること。イタリアのオーガニック認証ICEAを取得し、動物実験を行なっていないLAV（イタリア動物実験廃止協会）を取得した仕様にファーレのポリシーを感じます。香りも成分もすべて現場の声を反映してつくり上げたとか。これもまた異業種からの新しいアプローチの一例です。

成功事例その5 皮膚科医がつくった化粧品

皮膚の専門家が化粧品をつくる。いわゆるドクターズコスメは化粧品マーケットには数多く存在します。草分けといえるのは、1970年に皮膚科医・整形外科医の桜井麟さんが開発したリンサクライ。肌への刺激を徹底的に抑えた、敏感肌用の化粧品です。

アトピー肌や敏感肌、ニキビ肌に悩める患者のために皮膚科医が化粧品開発に挑む。これが2000年までのドクターズコスメの公式でした。リンサクライの後、登場したコンテス化粧品、エムディ化粧品、アクセーヌ、フィルナチュラントなど、後発のドクターズコスメはみなこの公式を踏まえて開発されています。

当時のドクターズコスメは、肌をマイナスの状態から正常の状態へと導くことが主な目的。肌トラブルに悩み、皮膚科医に駆け込む女性が多かった時代背景がうかがえます。

ところが21世紀に入ると、マイナスの状態から正常な状態へ、さらにはプラスの状態へとよりポジティブな方向に肌を導くことを目的に掲げたドクターズコスメが注目されます。

そのひとつが、青山ヒフ科クリニック院長の亀山孝一郎さんが開発したドクターケイです。ビタミンCとニキビ、テカリ、オイリー肌との関係を研究し、ビタミンC療法の第一人者と呼ばれるようになった亀山さんが開発に携わったドクターケイは、ニキビ肌対策の化粧品であり、その意味ではこれまでのドクターズコスメの延長線上ともいえます。

しかし、従来のドクターズコスメと圧倒的に異なる点があります。ニキビ肌ではないコスメフリークたちにも熱狂的に支持され、メジャーな女性誌や美容誌への露出度がきわめて高いことです。化粧品情報に精通し、肌にプラスになる化粧品の探索に情熱を注ぐマニアックな女性や美容ジャーナリストから注目され、高い評価を得ています。これほどメディアをにぎわせたドクターズコスメはドクターシーラボ以来、そう例がないのではないでしょうか。

ドクターケイのヒットには時代背景も関係しています。この10年ほどで、日本の女性は成分通になりました。ビタミンC、コラーゲン、ヒアルロン酸、コエンザイム。どれほどの成分がフューチャーされ、その効果が喧伝されてきたでしょうか。どの成分が何に効くのか。どういう悩みが解決できるのか。豊富な知識を持ちはじめた女性に、ドクターケイの「ビタミンC療法の第一人者がつくった高濃度ビタミンC誘導体配合の化粧品」という特徴が受け入れられたのです。

成功の共通点とは

さまざまな業種からの成功事例を見てきました。ここから、いくつかの共通点が見て取れます。

①時代の流れとリンクしている

成分通の女性が増えている時代を背景に、コスメフリークから絶大なる支持を受けたドクターケイ、安心できる素材や天然素材しか使いたくないという自然志向の女性に支持された成田ゆめ牧場のハンドクリーム。時代を読む「目」が欠かせないことがよくわかります。

②その会社が化粧品を手掛ける必然性がある

どうして異業種から化粧品分野に進出したのか。そんな疑問を持つ多くの人を納得させる答えを持っているか、いないか。これは大きな分岐点です。

酒造メーカーの場合は、「杜氏の手が美しい」その秘密に迫り、化粧品に発酵技術を生かしたという答えがあります。豆腐店の場合も同様ですね。豆腐を扱う職人の手は白く美しい。だったら豆乳を使った化粧品を開発し、より多くの女性の肌をきめ細かく、白く、美しい肌にしていきたいという答えを豆腐の盛田屋は用意しました。まかないこすめの場合、金箔を扱う過酷な現場で働く女性が、美しい手を守るために化粧品を開発したという必然性があります。

ただ利益率が高いからという理由で化粧品事業を立ち上げても、表面だけのコピーでは女性は納得しません。現代の女性はそう甘くはないのです。化粧品情報に詳しく、知名度や会社の規模にこだわらずに化粧品を取捨選択する力を持った現代女性を納得させる必然性。あなたは持っていますか。

③開発ストーリーがある

これは②とも大いに関係しますが、化粧品の背景に流れるストーリーは非常に重要です。

勇心酒造がつくった「ライスパワーエキス」も、福光屋がつくった「コメ発酵液FRS」も、汗と涙の開発ストーリーを経て生み出されました。まかないこすめのウェブサイトには、いかに女性が吉鷹金箔本舗の「まかない」で化粧品をつくり試してきたかという開発ストーリーが詳しく紹介されています。ドクターズケイにもほかにはない開発ストーリーがあります。現代の消費者は、ただモノを購入するのでなく、モノの背後に横たわっているストーリーに共感し、購入しています。モノのよさはもちろんのこと、そのよさが生み出されるまでの物語にも強い関心を示します。

「応援消費」という言葉があるのをご存じでしょうか。つくり手や販売側が置かれた環境や事情、手掛ける商品に注ぐ情熱や志に触れることによって、その人を「応援したい」という感情が生み出す消費のことです。

ネット社会における生活者との双方向コミュニケーションが日常化した今、企業の規模・知名度よりも「応援したいと思わせるストーリーと商品コンセプト」に魅力を感じ、行動する方向へ消費パワーのエネルギーがシフトしつつあるということではないでしょうか。

応援したい、サポートしたい。そう消費者に感じてもらうには、開発ストーリーが欠かせません。物語性のある商品開発を追求したいものです。

おわりに

本書を読み終えて、どのような感想をお持ちでしょうか。

化粧品ビジネスの面白さと厳しさ・醍醐味、力強いサポートシステム、化粧品ビジネスを立ち上げる際に必要不可欠な準備作業や志、コンセプトワークについては本編でしっかりと述べさせていただいたつもりです。本書の最後となるこの項目では、読者のみなさんにさらなる指針をご提供し、大きくエールをお送りしたいと思います。

まずひとつは、せっかく化粧品ビジネスを始めるのであれば、ぜひともアジア市場進出を意識してください。

日本の化粧品の品質は世界一です。クオリティやテクスチャー、性能を徹底的に追及する、世界屈指のこだわり生活者である日本女性の要望に応えようと、メーカーもOEMも日々改善・改良を繰り返し、画期的な商品の開発に努めてきました。技術的な進化はやむことなく続いています。

容器やパッケージについても同様です。内部の化粧品を守り、物質特性を保持する本来の役割に加えて、使いやすく、開けやすい。使い勝手のよさにおいても最高峰です。さらに見た目でも愉しめる美的要素まで備えた日本の化粧品は、世界一を誇れるレベルに達しています。世界広しといえども、これにかなう化粧品はそうないはず。日本女性と同じ肌質・肌感性の持ち主であるアジア女性を視野に入れた展開を検討してみてください。

2つ目は、メンズ市場の可能性です。「ブレイクする、する」といわれながらも、男性向け化粧品はスキンケア分野にとどまり、まだ大きく羽ばたいてはいません。

しかし、毛穴を引き締め、UVプロテクトを図るという領域においては今後需要が伸びる可能性があります。男性、とくに若い世代は、てかりのない、毛穴が見えない、さっぱりと清潔感のある肌を追求しています。洗顔料を使用し、眉を整え、あぶらとり紙を日常使用する男子は少数派ではないのです。色を付ける化粧品は受け入れられなくても、きれいなスッピンに見えるファンデーションやUVプロテクトであれば可能性は高いのではないでしょうか。

もうひとつ、ブランドの価値を高め、お客様との関係性を深く密なものへと進化させていく有効な手段――ソーシャルメディアの積極的な活用をおすすめしたいと思います。SNS、ツイッター、フェイスブック。新しく登場したデジタル情報発信ツールを活用しない手はありません。

ブランドの魅力を正しく伝え、お客様からの反応や要望・意見を生かしながら次の商品開発やサービスに役立てて、生活者との双方向のつながりを深めていく。応援したいと思わせる商品開発ストーリーを生活者とともに創り上げていくことも可能となっています。ブランドビジネスはソーシャルメディアの登場によって新しいステージに入ったといえるのではないでしょうか。

最後に、化粧品ビジネスが地球の平和産業の代表格でもあることを強調したいと思います。女性が美しくなろうと、貪欲に肌をケアし、メイクをする。この光景は平和なくしては成立しません。五感をフルに働かせ、医療や化学だけでなく化粧品原料を生み出す農業にも目を配った魅力的な平和産業の発展を願ってやみません。

また、本書を手に取ってくださったご縁にて、みなさまと化粧品開発のお仕事をともにできますこと、祈念しております。最後までお読みいただき、ありがとうございました。

みなさまのご健闘を期待しています。

〈化粧品に関するデータ集・出版物〉

『化粧品マーケティング要覧』『化粧品マーケティング戦略』ほか　富士経済
https://www.fuji-keizai.co.jp/
『化粧品ケミカル材料の現状と将来展望』富士キメラ総研　http://www.fcr.co.jp/
『機能性化粧品素材の市場　2009』シーエムシー出版
http://www.cmcbooks.co.jp/
『アンチエイジング・機能性化粧品の市場・技術動向　2009』日経BP社
http://corporate.nikkeibp.co.jp/
『World Cosmetics and Toiletries Marketing Directory』
ユーロモニターインターナショナル社　http://www.euromonitor.com/

〈化粧品の情報サイトほか〉

アットコスメ　http://www.cosme.net/
Yahoo！ビューティ　http://beauty.yahoo.co.jp/
ELLE　オンライン　ビューティ　http://www.elle.co.jp/beauty
i-VoCE　http://i-voce.jp/
美的.com　http://www.biteki.com/
マキアオンライン　http://maquiaonline.com/
ビーズアップ・プラス　http://beasup.com/
女性起業UP ルーム　手作り石鹸や化粧品の製造販売許可について
http://www.uproom.info/link/procedure/post_177.html
ウェルネス大学　http://www.otsuka.co.jp/health/wellness/

〈本書に登場する企業・ブランド〉

シーエスラボ　http://www.cs-lab.co.jp/
三洋化学工業　http://www.sc-sanyo.co.jp/
マツモト交商　http://www.matsumoto-trd.co.jp/
オリレワ　http://www.oorilewa.com/

巻末資料　化粧品ビジネスに役立つURL集

〈関係省庁・団体〉

厚生労働省　http://www.mhlw.go.jp/
経済産業省　http://www.meti.go.jp/
消費者庁　http://www.caa.go.jp/
特許庁　http://www.jpo.go.jp/indexj.htm
東京都福祉保険局　http://www.fukushihoken.metro.tokyo.jp/
日本貿易振興機構（JETRO）化粧品の輸入手続き
　http://www.jetro.go.jp/world/japan/qa/importproduct_03/04M-010768
国民生活センター　解決困難な個人輸入代行に関するトラブル
　http://www.kokusen.go.jp/news/data/n-20090205_2.html
国立医薬品食品衛生研究所　http://www.nihs.go.jp/index-j.html
医薬品医療機器総合機構　情報提供ホームページ　http://www.info.pmda.go.jp/
東京都中小企業振興公社（各自治体に中小企業振興公社あり）
　http://www.tokyo-kosha.or.jp/
特許電子図書館　http://www.inpit.go.jp/ipdl/

〈化粧品・香料・石けんの業界団体〉

日本化粧品工業連合会　http://www.jcia.org/
日本香料工業会　http://www.jffma-jp.org/
日本香粧品学会　http://www.jcss.jp/
日本輸入化粧品協会　http://www.ciaj.gr.jp/
日本石鹸洗剤工業会　http://jsda.org/
全国化粧品日用品卸連合会　http://park8.wakwak.com/~zenorosiren/
日本化粧品技術者会　http://sccj-ifscc.com/
日本フレグランス協会　http://japanfragrance.org/

〈化粧品に関する専門誌・紙〉

国際商業出版　http://www.kokusaishogyo.co.jp/
週刊粧業　http://www.syogyo.jp/
洗剤新報社　http://www.senzai-shimpo.jp/
フレグランスジャーナル社　http://www.fragrance-j.co.jp/
Perfumer & Flavorist　http://www.perfumerflavorist.com/
「コスメティックステージ」（技術情報協会）　http://www.gijutu.co.jp/index.htm

著者略歴

新井 幸江（あらい さちえ）

スイス系香料会社にて11年間、企画・マーケッター及びエヴァリュエーター（評価者）として勤務した後、1990年に株式会社アンビアンス設立。フレグランス及びスキンケア商品開発プロデュースをスタート。「女性の美しい肌づくり」「美しい香りづくり」のための商品開発とマーケティングコンサルテーションを国内外の複数の企業へ実施している。
これまで市場でヒットさせた化粧品多数。日本人の肌に合った独自のナチュラルコスメの開発力には定評がある。ヨーロッパのナチュラルコスメ事情やアロマオイルの動向にも詳しい。現在は伊豆の自然の中にて、香りのフィールドづくりとともに、全国のご当地コスメやフレグランス開発に注力している。
Member of Cosmetic Executive Women France
（コスメティック　エグゼクティブ　ウーマン　フランス会員）
Member of Société Française des Parfumeurs
（フランス調香師会　会員）
日本調香技術普及協会　会員

ホームページ：http://www.ambiance.jp

Special thanks　株式会社シーエスラボ
本書における写真提供および薬事に関する情報提供など、多大なる取材協力をありがとうございました。
取材協力：三洋化学工業株式会社　株式会社マツモト交商　アマックス株式会社

コンセプトで勝負！　小資金でスタート！
化粧品ビジネスで成功する10の法則

平成23年7月4日　初版発行
平成30年3月23日　3刷発行

著　者 ―― 新井幸江

発行者 ―― 中島治久

発行所 ―― 同文舘出版株式会社
東京都千代田区神田神保町1-41　〒101-0051
電話　営業03（3294）1801　編集03（3294）1802
振替00100-8-42935
http://www.dobunkan.co.jp

 ISBN978-4-495-59421-3
印刷／製本：萩原印刷　Printed in Japan 2011